Collana Leonardo

Nella stessa collana:

- Vittorio Silvestrini, *Guida alla teoria della relatività*
- Vittorio Silvestrini, *Che cos'è l'entropia*
- Paolo Toni, *Scintille matematiche*
- Paola Monari (a cura di), *Giochi d'azzardo e probabilità*
- Carlo Bernardini, *Che cos'è una legge fisica*
- Rudy Rucker, *La mente e l'infinito*
- Lucio Lombardo Radice, *L'infinito*
- Lucio Lombardo Radice, *La matematica da Pitagora a Newton*
- John D. Bernal, *Storia della fisica*
- L. Landau, A. Kitaigorodskij, *La fisica per tutti*
- Jean Perrin, *Gli atomi*
- Ermanno Bencivenga, Alessandro Giuliani, *Filosofia chimica*
- Luigi Cerruti, *Bella e potente. La chimica dagli inizi del Novecento ai giorni nostri*
- David Tall, *Imparare a pensare matematicamente*
- Colin Stuart, *La fisica in 100 numeri*
- Ian Ridpath, Wil Tirion, *Stelle e pianeti*
- Pietro Greco, *L'origine dell'Universo*
- Daniel Fleisch, *Guida all'Equazioni di Maxwell*
- D. Fleisch, L. Kinnaman, *Guida allo studio delle onde*
- Daniel Fleisch, *Guida allo studio dei vettori e dei tensori*
- Johnny Ball, *Breve storia delle meraviglie matematiche*
- D. Fleisch, J. Kregenow, *Guida allo studio della matematica per l'astronomia*

Vittorio Silvestrini

Che cos'è l'entropia

Editori Riuniti
university press

II Ristampa ottobre 2021
I Ristampa settembre 2016

I edizione in questa collana: dicembre 2011

ISBN 978-88-6473-070-7

www.editoririunitiuniversitypress.it

Disegni e grafici dell'autore

Questo libro è stato stampato su carta
certificata FSC, che unisce fibre riciclate post-consumo
a fibre vergini provenienti da buona gestione
forestale e da fonti controllate

INDICE

I. L'ENERGIA E LE SUE TRASFORMAZIONI

Tutto cambia e invecchia - Energia. Processi di trasformazione, trasferimento, accumulo - L'energia si conserva - L'energia si degrada - Il ciclo delle acque e il ciclo dell'energia - I motori termici e le pompe di calore - Rendimento dei motori - Conclusioni

1. Tutto cambia e invecchia. Il mondo che ci circonda cambia continuamente. Se ci guardiamo intorno vediamo cose che si muovono e si modificano. Gli esseri animati si spostano; nascono vivono e muoiono. Tutta la natura è percorsa da continui fremiti: le piante crescono lentamente; le acque dei fiumi scorrono, quelle dei mari sono increspate di onde. L'aria è mossa dal vento, in cielo corrono le nuvole. Cadono le piogge e poi si rasserena. Le stagioni si alternano.

Anche gli oggetti piú statici e inanimati - un sasso o un grattacielo - cambiano lentamente: vengono corrosi dalla polvere e dal vento, gli spigoli si arrotondano, si deposita la patina del tempo. Tutto invecchia: piú o meno lentamente, ma inarrestabilmente. Se un oggetto ci sembra statico e immobile, osserviamolo con maggiore cura: magari dovremo prendere un microscopio, oppure dovremo confrontare fra di loro due fotografie scattate a grande distanza di tempo; ma sotto la sua apparente immobilità, lo troveremo percorso da cambiamenti, troveremo che anch'esso invecchia.

Fin dai tempi piú antichi, l'uomo è sempre andato alla ricerca di qualche elemento di stabilità e di sicurezza in mezzo a tutto questo cambiare. «Niente di nuovo sotto il Sole», diceva il saggio Salomone (960-927 a. C.). Con ciò voleva dire: tutto cambia, sí; ma non è niente di grave, niente di irreparabile. Perché in fondo, tutto si ripete. Ogni anno, torna la pri-

Tutta la natura è percorsa da continui fremiti...

mavera. Qualcuno muore, ma qualcuno nasce. Le stelle in cielo cambiano posizione, ma è tutto un cronometrico meccanismo programmato. Là dove ognuna di esse si trova oggi, nello stesso posto ognuna di esse tornerà, in un futuro piú o meno lontano; e nella stessa identica configurazione si sono già trovate in qualche momento del passato.

Se cosí fosse, se i cambiamenti della natura fossero un ripetersi di cicli sempre uguali fra di loro, allora il fatto di invecchiare sarebbe un dettaglio riguardante solo ogni singolo essere, ogni singolo oggetto: la natura nel suo complesso, il mondo, l'universo ne sarebbero immuni. Sul mondo il tempo scivolerebbe senza toccarlo. In un certo senso, si potrebbe dire che per l'universo nel suo insieme il tempo non avrebbe significato. Ma non è cosí. Anche l'universo invecchia. Lentamente, ma invecchia.

Le stelle si allontanano fra di loro, come i frammenti di una antica esplosione. Si muovono una rispetto all'altra a grandissima velocità: una velocità che arriva fino ad essere quasi un milione di volte piú grande di quella del piú veloce degli aerei. Solo il fatto che sono cosí lontane da noi, e cosí lontane l'una dall'altra, ce le fa sembrare immobili. I movimenti che vediamo nei corpi celesti non sono dunque solo movimenti circolari e ripetitivi; non è solo il ruotare dei pianeti e dei satelliti e lo stesso ruotare della Terra intorno a se

... un ripetersi di cicli sempre uguali...

stessa che dà movimento al firmamento. Le stelle se ne vanno, e parrebbero destinate a sprofondare nello spazio senza fine. È un fatto, questo, che è stato senza alcun dubbio dimostrato da precise misure eseguite dagli astronomi negli ultimi decenni.

Ma c'è di piú. Ogni singola stella invecchia; e, quando viene il suo turno, muore. Gli astronomi hanno potuto osservare la morte di molte stelle.

Anche il nostro Sole invecchia. Esso è nato molti miliardi di anni fa; e vivrà ancora per molti miliardi di anni. Ma anch'esso invecchia inesorabilmente, si consuma; ed anche per lui verrà puntuale la morte.

Niente dunque è lasciato intoccato dal passare del tempo. Rigoroso e imparziale, il tempo condanna ogni cosa a invecchiare. Qualunque cosa noi guardiamo oggi, la troveremo piú vecchia di un giorno domani. Dire dunque che una cosa è piú vecchia, significa che su di essa il tempo ha agito piú a lungo. Ma piú vecchio significa anche piú deteriorato, piú malandato. L'azione del tempo tende a peggiorare la qualità delle cose, non a migliorarla: il passare del tempo avvicina ogni cosa alla morte.

Qual è la causa che costringe le cose a cambiare? E che cosa significa, non solo per un essere vivo ma per un oggetto, *invecchiare*? L'invecchiamento è un processo senza speranza?

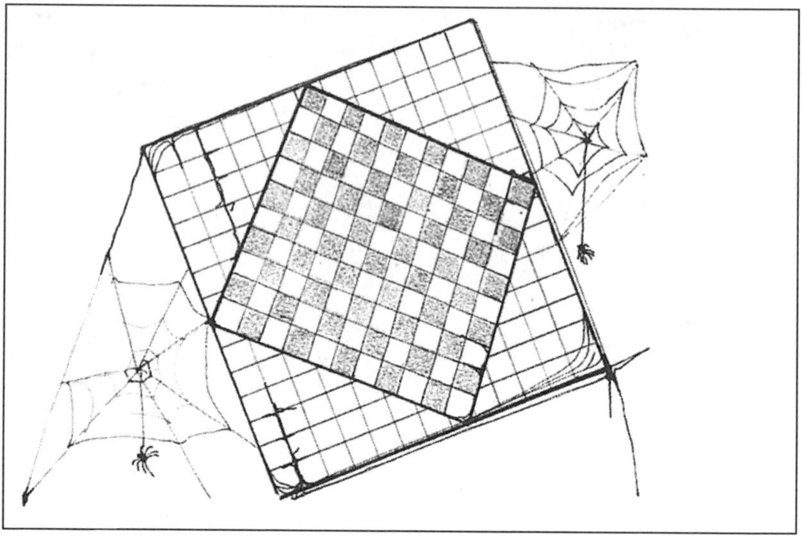

... piú vecchio significa piú deteriorato, piú malandato....

Lo è certo per ciascuno di noi, inteso come individuo: ma lo è anche per l'universo nel suo insieme? Oppure l'universo nel suo insieme potrà ringiovanire, e ritornare cosí com'era quando è nato?

Proveremo, nel corso di questo libro, a dare una risposta a queste domande; o per lo meno, a esporre quelle risposte che la scienza è in grado di dare fino ad oggi. Tratteremo esempi semplici. Parleremo piú di cose inanimate, che non di esseri viventi, perché è piú facile capire i sistemi semplici, che non quelli complessi.

In una prima parte ci occuperemo specialmente della descrizione di *come* cambiano le cose. È un modo questo, di affrontare l'argomento, che in fisica si chiama 'fenomenologico' (dal greco *phainómenon* "manifestazione, fatto" e *lógos* "descrizione, studio"). Piú avanti, cercheremo di entrare piú addentro ai 'fenomeni' stessi, cercando di capire i *perché*.

2. Energia. Processi di trasformazione, trasferimento, accumulo. Ogni cambiamento comporta movimento; e movimento significa energia[1].

1. Vedi *Che cos'è l'energia*, di Franco Selleri, «Libri di base» 34, 1982.

Energia, in effetti, è tutto ciò che può essere trasformato in movimento; o tutto ciò in cui il movimento si trasforma. Se un oggetto si muove, esso possiede 'energia di movimento'. L'energia di movimento posseduta da un oggetto che si muove è tanto maggiore quanto piú grande è la 'massa' di quell'oggetto, cioè quanto piú grande è la quantità di materia che costituisce quell'oggetto. A parità di massa, l'energia di movimento aumenta rapidamente all'aumentare della velocità: se la velocità raddoppia, l'energia di movimento è quattro volte piú grande. Per questo, in un incidente, una automobile che va a 200 chilometri all'ora produce uno sconquasso che è quattro volte piú grande (e non doppio!) rispetto a quando va a 100 chilometri all'ora.

Immaginiamo un carrello che sia stato spinto a una certa velocità, comunicandogli cosí una certa energia di movimento. Se le rotaie lungo le quali il carrello si muove percorrono una strada in salita, il carrello viene frenato dalla forza del suo peso che, essendo diretta verso il basso, si oppone al movimento. Il carrello rallenta sempre piú, e infine si ferma. Se la velocità che aveva all'inizio fosse stata piú grande, il tratto percorso in salita sarebbe stato piú lungo: quattro volte piú grande, se la velocità iniziale fosse stata doppia. Appena si ferma in cima alla salita tiriamo il freno a mano: il carrello, appunto perché è fermo, non ha piú energia di movimento. Tuttavia esso ha ora 'energia di posizione': lo dimostra il fatto che, allentando il freno a mano, il carrello prende a muoversi spontaneamente verso il basso, per tornare in fondo alla

Lungo la salita l'energia di movimento si trasforma in energia di posizione.

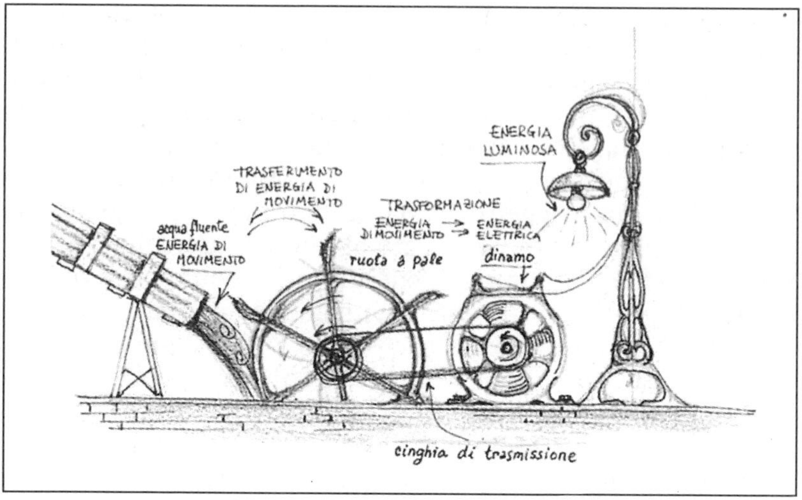

L'energia si trasferisce, l'energia si trasforma.

discesa con una energia di movimento circa uguale a quella che aveva inizialmente, quando ha cominciato ad arrampicarsi in salita.

Abbiamo cosí fatto un esempio di un processo in cui l'energia si è trasformata, cioè ha cambiato forma: essa si è trasformata da energia di movimento a energia di posizione, e poi di nuovo da energia di posizione a energia di movimento. L'energia di posizione e quella di movimento sono anche dette, nel loro insieme, 'energia meccanica'.

L'energia può avere molte altre forme. La luce e il calore sono forme di energia. L'elettricità è un'altra forma di energia; e cosí l''energia chimica' contenuta nei combustibili, o in una batteria di accumulatori che sia stata caricata facendola attraversare da corrente elettrica.

L'energia di posizione posseduta dall'acqua trattenuta da una diga, si trasforma in energia di movimento quando l'acqua, sfogando verso valle, precipita in una cascata. L'energia di movimento posseduta dall'acqua in fondo alla cascata può essere usata per muovere una dinamo (o un alternatore) che produce 'energia elettrica'. Questa energia elettrica può essere impiegata per muovere un motore, e si trasforma allora nuovamente in energia di movimento; oppure può essere usata per accendere una lampadina, producendo cosí 'energia

L'energia si accumula.

luminosa'; oppure può accendere una stufetta, producendo cosí calore, detto anche 'energia termica'. Il motore di una automobile, cosí come qualunque altro motore termico, produce energia di movimento utilizzando energia termica; e questa energia termica è quella in cui si trasforma l'energia chimica dei combustibili quando questi bruciano. Questi sono tutti esempi di processi di trasformazione dell'energia.

In quasi tutti questi esempi, l'energia non solo si è trasformata, cioè ha cambiato forma, ma si è anche trasferita, cioè ha cambiato posizione: è passata da un sistema a un altro sistema. Dall'acqua alle turbine, alla dinamo, alla lampada; e la luce, cioè l'energia luminosa, si spande per tutta la stanza.

L'energia luminosa e termica del Sole viaggia attraverso lo spazio per arrivare fino a noi. L'energia è dunque continuamente soggetta a processi di trasformazione e trasferimento. Alcuni di questi processi vengono anche detti processi di 'immagazzinamento' o di 'accumulo' dell'energia: questo succede quando l'energia che viene ricevuta da un sistema assume una forma che non ha effetti immediatamente evidenti. Quando noi comunichiamo energia elettrica ad una batteria, questa energia assume una forma che non si manifesta come luce, o come calore, o come movimento. Essa si è accumulata nella batteria, è nascosta in essa: ce ne accorgiamo senza alcun dubbio solo estraendola nuovamente dalla batteria, o producendo luce in una lampada, o energia di movimento con un motore elettrico, e cosí via.

Una diga che mantenga a monte l'acqua di un fiume, accumula energia nella forma di energia di posizione: questa energia si libera solo quando all'acqua viene dato sfogo verso valle. Un serbatoio protetto tutto intorno con materiali isolanti, può conservare in sé accumulata l'energia termica dell'acqua calda in esso contenuta. In realtà un po' di calore sfugge sempre, e si disperde all'intorno: non è semplice accumulare e conservare l'energia termica.

Qualunque oggetto o sistema noi osserviamo, i suoi mutamenti, i suoi cambiamenti di posizione, di forma, di dimensioni sono originati e accompagnati da trasformazioni dell'energia: l'energia che quell'oggetto possiede – o che quell'oggetto riceve o perde – cambia forma, cambia posizione, viene accumulata o liberata.

3. L'energia si conserva. Le leggi della fisica derivano dalla osservazione dei fatti. Una delle leggi fondamentali della fisica, una delle leggi piú sicuramente basate sulla osservazione di fatti appartenenti alle categorie piú disparate, afferma che l'energia si conserva. L'energia si trasforma, si trasferisce, o si accumula; ma non può essere creata, né può essere distrutta. Questa fondamentale legge fisica si chiama appunto 'principio di conservazione dell'energia'[2].

Osserviamo un qualunque oggetto, un qualunque sistema fisico. Con 'sistema' si intende qualunque oggetto o insieme di oggetti che sia formato da un certo numero di parti che lo costituiscono. Qualunque cosa noi osserviamo essa è un sistema fisico: essa è formata da un certo numero di parti piú semplici. Anche lo stesso atomo, che gli antichi credevano indivisibile e semplice, è formato da costituenti piú elementari. Qualunque cosa noi osserviamo, essa rappresenta dunque un sistema fisico: sia esso solido, liquido o gassoso; sia esso un oggetto naturale o un dispositivo artificiale, come ad esempio un motore; sia esso un oggetto inanimato, oppure un corpo dotato di vita, una pianta o un animale.

2. Vedi *Che cos'è una legge fisica*, di Carlo Bernardini, «Libri di base» 48, 1983.

Diciamo che un sistema fisico subisce una trasformazione quando esso cambia posizione, o cambia forma, o cambia dimensioni; oppure quando cambia una qualunque delle sue proprietà. Quando un sistema fisico subisce una trasformazione, in qualche modo c'entra l'energia. O esso riceve energia dall'ambiente, cioè da ciò che gli sta intorno; o esso cede all'ambiente una parte dell'energia che possedeva; o l'energia in esso contenuta cambia posizione; oppure ancora l'energia in esso accumulata cambia forma. Ovvero succedono contemporaneamente piú di una di queste cose.

Bene, se noi misuriamo l'energia che il sistema riceve, e misuriamo anche quella che il sistema cede all'ambiente, queste due quantità di energia in generale non sono fra di loro uguali. Ma se l'energia ricevuta è maggiore di quella ceduta, allora la differenza fra le due è stata accumulata dal sistema. Ad esempio, il sistema si è riscaldato, oppure ha accumulato energia chimica, o qualche altra forma di energia. Viceversa, se l'energia ceduta è maggiore di quella ricevuta, allora la differenza è stata prelevata dall'energia che il sistema aveva in sé accumulata: ad esempio, il sistema si è raffreddato, oppure ha perso qualche altra forma di energia che prima possedeva.

È questa una regola senza eccezioni: in qualunque processo o fenomeno, qualunque sia il sistema fisico considerato, il bilancio dell'energia deve certamente andare in pareggio.

L'energia, dunque, non si crea e non si distrugge: essa può trasformarsi, può trasferirsi; può nascondersi, come succede quando viene accumulata. Ma essa non va persa mai, né mai si genera dal nulla.

Ad esempio, una automobile in corsa possiede energia di movimento (l'energia di movimento si chiama anche 'energia cinetica'). Se si azionano i freni, l'automobile si ferma: essa ha perso, a quel punto, tutta la sua energia di movimento. Tuttavia i freni si sono riscaldati ed hanno comunicato parte di calore anche all'aria. In piú, l'aria, urtata dall'automobile in movimento, ha preso a muoversi anch'essa, ha acquistato energia cinetica. Se si fa la somma dell'energia ricevuta dall'aria (nella forma di energia di movimento e di energia termica) e dell'energia termica che i freni hanno accumulato riscaldandosi e di quella che è stata comunicata alla strada per sfregamento, si troverà che il totale è uguale all'energia di movimento che l'automobile inizialmente aveva. L'energia che

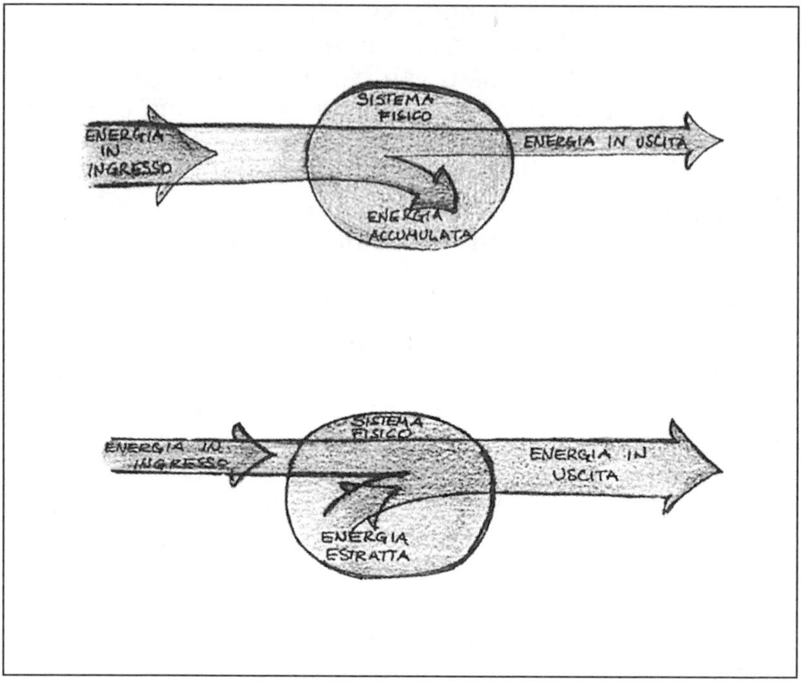

Se l'energia in uscita è minore di quella in ingresso, la differenza è stata accumulata dal sistema.
Se l'energia in uscita è maggiore di quella in ingresso, la differenza è stata estratta dal sistema.

l'automobile possedeva non è andata distrutta: essa si è trasformata e trasferita. Ma c'è ancora tutta, seppure in altre forme e in altri sistemi fisici.

Un altro esempio. Un combustibile possiede, accumulata in sé, una certa quantità di energia chimica. Quando il combustibile, ad esempio la benzina, viene bruciato in un motore (il processo per cui qualcosa brucia si dice 'combustione'), questa energia viene sviluppata nella forma di calore. In parte il calore si trasforma nel motore in energia di movimento, e in parte viene ceduto all'ambiente, sia attraverso i fumi di scarico che attraverso il radiatore, che consente per l'appunto al motore di trasmettere calore all'aria circostante. La somma dell'energia di movimento acquisita dal motore, e dell'energia termica che viene ceduta all'ambiente, è esattamente uguale all'energia chimica che aveva il combustibile che è stato bruciato. Potreste sincerarvene facendo le opportune misure. Ma potete anche fidarvi, perché lo afferma il principio di conservazione dell'energia: uno dei princípi della fisica piú sicuramente comprovato da molte, diverse, precise verifiche che scienziati e sperimentatori hanno eseguito su ogni tipo di sistema, in ogni tipo di condizione.

Nei primi anni di questo secolo il principio di conservazione dell'energia è stato enunciato da Einstein in una forma piú generale. Questo enunciato, che il grande scienziato ha elaborato all'interno della sua *teoria della relatività*[3], è stato successivamente confermato da misure eseguite nei laboratori, ed è alla base delle applicazioni pacifiche e militari dell'energia nucleare. Secondo questo piú generale enunciato, sintetizzato nella famosissima formula

$$E = mc^2,$$

anche la massa (cioè la materia) è una forma, molto concentrata, di energia.

L'equivalenza fra massa ed energia, cioè la capacità che l'una ha di trasformarsi nell'altra e viceversa, non contraddice il principio di conservazione dell'energia: al contrario, essa consente di estendere tale principio di conservazione anche a categorie di fenomeni che prima di allora non erano nemmeno stati immaginati come possibili.

4. L'energia si degrada. Affinché una qualunque trasformazione avvenga è necessario che intervenga una quantità piú o meno grande di energia.

L'uomo è abituato a generare, per propria comodità, una grande varietà di fenomeni e di trasformazioni: per riscaldarsi, per muoversi, per fare muovere le merci, per costruire oggetti utili, e cosí via. Per generare questi fenomeni, egli deve dunque impiegare energia. Questa energia l'uomo se la procura ad esempio da fonti naturali: fin dai tempi piú antichi egli ha usato l'energia sviluppata dai muscoli degli animali domestici, oppure l'energia del vento, o quella dell'acqua corrente nei corsi d'acqua, o quella sviluppata dalla legna che

3. Vedi *Guida alla teoria della relatività*, di Vittorio Silvestrini, «Libri di base» 32, 1984[2].

brucia. Negli ultimi decenni, si sono utilizzate soprattutto fonti energetiche dette fossili. Queste fonti sono rappresentate da combustibili come il petrolio, il carbone o il gas naturale che la Terra ha accumulato in riserve sotterranee attraverso processi di trasformazione di foreste cresciute in milioni di anni[4].

Eppure, dire che l'umanità consuma energia, è un modo di dire inesatto: infatti abbiamo visto che l'energia non può essere consumata, nel senso che non può essere distrutta. Essa può solo trasformarsi. Se ad esempio bruciamo una certa quantità di combustibile, noi ritroveremo poi nei prodotti di combustione (nel calore sviluppato e comunicato all'ambiente, nell'energia trasportata via dai fumi, ecc.) esattamente tutta l'energia che inizialmente era contenuta nel combustibile in forma di energia chimica. Quando il combustibile brucia, la sua energia viene consumata, viene trasformata. Ce lo dice il principio di conservazione dell'energia, un principio a cui nessuno ha mai trovato eccezione nella osservazione dei fatti. Eppure, è chiaro che un combustibile già bruciato non ha lo stesso valore di un combustibile ancora da bruciare. Anche se raccogliamo con diligenza tutti i prodotti di combustione, senza trascurare un solo frammento né una sola minuscola frazione del calore, non possiamo poi rimetterli insieme a formare nuovamente il combustibile che avevamo inizialmente. In un verso si può andare, dal combustibile ai prodotti di combustione; ma non si può andare in verso opposto, dai prodotti di combustione al combustibile.

Il processo di combustione, come praticamente tutti i processi naturali o artificiali che ci sia dato osservare, non è dunque un processo che possa svolgersi indifferentemente nei due sensi: esso non è, come si dice, un 'processo reversibile'. Non è reversibile, ad esempio, il processo che porta un veicolo (immaginiamo un'automobile) da un posto ad un altro. Perché è vero che cosí come esso è andato, può poi anche tornare ripercorrendo la strada in senso opposto. Ma se all'andata il serbatoio di benzina è andato vuotandosi, non è che esso si riempia al ritorno: solo in questo caso il processo sarebbe reversibile!

4. Vedi *Uso e risparmio dell'energia*, di Giancarlo Pinchera, «Libri di base» 28, 1981.

Già nell'antica Cina, coi mulini a vento si pompava acqua per l'irrigazione.

I vari processi fisici, e le varie trasformazioni dell'energia, possono dunque di regola avvenire in un verso solo. È questa una constatazione che deriva dalla osservazione dei fatti: una constatazione, come si dice, fenomenologica.

Possiamo citare, al riguardo, alcuni fra gli innumerevoli esempi a cui assistiamo continuamente. Un veicolo che si stia muovendo ad una certa velocità – e che non sia continuamente spinto da un motore – tende a fermarsi spontaneamente; e ciò facendo, le ruote, i cuscinetti, e tutti gli altri punti in cui vi sia sfregamento (in cui vi sia, secondo il linguaggio della fisica, 'attrito') si riscaldano. L'energia di movimento tende dunque a trasformarsi in energia termica. Ma se proviamo semplicemente a riscaldare un veicolo fermo, esso non si mette in movimento: l'energia termica, per contro, non si trasforma dunque spontaneamente in energia di movimento.

L'energia meccanica può trasformarsi spontaneamente in energia termica ma non viceversa.

Può sembrare una osservazione banale, ma è una osservazione rilevante, che come vedremo ha importanti conseguenze sia pratiche che concettuali.

Mettendo a contatto un corpo caldo e uno freddo, quello freddo tende a riscaldarsi a spese di quello piú caldo; non è possibile invece che quello freddo si raffreddi ancor di piú, cedendo il proprio calore a quello piú caldo. Il calore tende dunque a fluire spontaneamente solo in un verso, dai corpi piú caldi a quelli piú freddi: è questa un'altra importante regola fenomenologica cui obbediscono tutti i processi fisici, senza alcuna eccezione.

Questi esempi indicano dunque l'esistenza di un verso privilegiato nei fenomeni di trasformazione e di trasferimento dell'energia: l'energia di movimento tende a trasformarsi spontaneamente in energia termica, ma non viceversa; l'energia termica tende a fluire spontaneamente dai corpi caldi a quelli freddi, ma non viceversa. È questo, in sostanza, un modo semplice per enunciare il 'secondo principio della termodinamica': una legge densa di significato e di conseguenze. Questo principio sarà al centro delle considerazioni che faremo nel corso di tutto il libro.

Il constatare che esiste un verso privilegiato nei fenomeni di trasformazione dell'energia, porta come conseguenza l'esistenza di una sorta di scala di valori, di gerarchia fra le varie forme di energia.

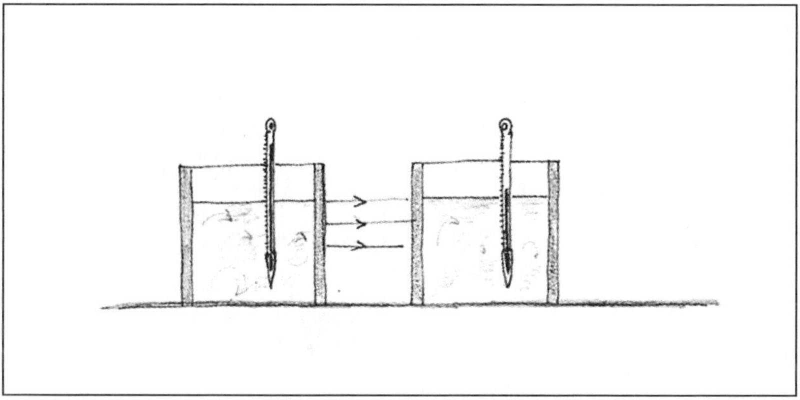

L'energia termica passa spontaneamente dai corpi caldi a quelli freddi ma non viceversa.

L'energia di movimento può essere infatti impiegata come tale, oppure può essere utilizzata nella forma di calore, in cui spontaneamente si trasforma. Se dispongo di cento unità di energia di movimento, e mi servono invece cento unità di energia termica, non vi sono assolutamente problemi: la prima forma di energia si trasforma infatti facilmente, spontaneamente e completamente, ad esempio per semplice attrito, nella seconda forma. Ma se, al contrario, dispongo di cento unità di energia termica, e mi servono invece cento unità di energia di movimento, mi trovo di fronte ad un problema insolubile. L'energia termica non si trasforma infatti spontaneamente in energia di movimento.

Si può obiettare: non è vero, basta avere un motore termico. Il motore termico è stato inventato apposta per trasformare l'energia termica in energia di movimento. Ma in realtà un motore termico, se assorbe cento unità di energia termica, è in grado di trasformarne solo una parte in energia di movimento; il resto, lo «scarica» nella forma di calore a bassa temperatura. Su questo concetto, su questa constatazione fenomenologica, torneremo piú avanti.

Quanto abbiamo qui detto è tuttavia sufficiente per portarci ad una conclusione semplice e importante: l'energia di movimento è piú versatile dell'energia termica, e dunque piú preziosa. Se una forma di energia tende a trasformarsi spontaneamente in un'altra forma, allora la prima forma è piú

preziosa della seconda. La prima forma può essere infatti impiegata, a scelta, nell'un modo o nell'altro; mentre la seconda può essere impiegata solo in quanto tale.

Riassumendo, in ogni fenomeno, l'energia tende a trasformarsi: e queste trasformazioni avvengono di regola, spontaneamente, in un verso solo. Da un corpo caldo ad un corpo freddo sí, ma non all'opposto; da energia di movimento a energia termica sí, ma non all'opposto.

Abbiamo anche visto che la forma che l'energia ha in partenza è piú versatile, piú preziosa di quella che ha come punto di arrivo. Dunque in ogni processo l'energia tende spontaneamente ad assumere forme via via meno pregiate: tende, come si dice, a degradarsi, a scendere nella scala di valori. Ecco dunque cosa succede all'energia quando avviene un qualunque processo: la sua quantità resta la stessa, ma la sua qualità peggiora. Se una forma di energia si trasforma in un'altra, quella di partenza (la forma che l'energia aveva prima di trasformarsi) è piú pregiata di quella di arrivo (è piú pregiata della forma che l'energia acquista dopo la trasformazione). Col passare del tempo l'energia si degrada. Per l'energia, dunque, *invecchiare* non significa «consumarsi», significa «degradarsi»: da energia di movimento a energia termica, da 'energia termica calda' a 'energia termica fredda'.

Questa è una constatazione che deriva dalla osservazione dei fatti: una constatazione fenomenologica. Quale sia il significato profondo della «degradazione» dell'energia lo vedremo piú avanti.

5. Il ciclo delle acque e il ciclo dell'energia. Come abbiamo visto, in ogni fenomeno l'energia tende a degradarsi. L'energia termica tende a distribuirsi e con ciò a diluirsi, a raffreddarsi; l'energia di movimento a trasformarsi in energia termica, e cosí via. Questi fenomeni di degrado hanno luogo in generale, se ci guardiamo intorno, in tempi abbastanza brevi: essi sono facilmente osservabili nel giro di pochi giorni, di poche ore, o di pochi minuti. Se lanciamo un sasso, comunicandogli energia di movimento, esso si ferma in pochi secondi: la sua energia di movimento si è trasformata in calore. Una bacinella di acqua calda si raffredda in poche decine di minuti, al massimo in poche ore: la sua energia termica si è dispersa all'intorno, e cosí si è degradata alla temperatura ambiente. E cosí via.

Cosí stando le cose, ci aspetteremmo che tutta l'energia di movimento disponibile sulla Terra si degradasse rapidamente in calore; e che tutto il calore si raffreddasse alla temperatura delle cose circostanti. In poco tempo allora il pianeta dovrebbe trasformarsi in un mondo privo di movimento, privo di cose calde, inerte e fermo. E invece, la natura che ci circonda continua ad essere, da milioni e milioni di anni, un continuo muoversi e rinnovarsi; piena di fenomeni che si rigenerano, di movimenti che nascono, di cose che si riscaldano. Qual è l'origine di tutte queste trasformazioni, qual è la sorgente sempre nuova di questo movimento? Dei fenomeni astronomici e cosmici – di quelli che riguardano la vita delle stelle, il moto dei pianeti e dei loro satelliti, le trasformazioni e i trasferimenti di energia che hanno luogo nello spazio fra le stelle – ci occuperemo piú avanti. Per il momento, invece, discutiamo i fenomeni che vediamo intorno a noi nella vita di tutti i giorni; quelli cui ho accennato proprio nelle prime frasi di questo libro. Gli esseri vivi che si muovono, le piante che crescono, le piogge, il vento, le nuvole; qual è il motore di tutto questo meccanismo?

Per dare una risposta a questo interrogativo, per comprendere quello che chiamerò il 'ciclo dell'energia', comincerò col richiamare l'attenzione di chi legge su un paragone cui dò il nome di 'ciclo delle acque'.

L'acqua, sulla Terra, tende a scorrere continuamente verso il basso: e ciò è conseguenza della forza peso con cui la Terra attrae a sé ogni cosa circostante. Cosí l'acqua dalla cima delle montagne comincia a scorrere verso valle in mille rivoli, che poi si uniscono a formare torrenti. E i torrenti confluiscono nei fiumi, e i fiumi scorrono nelle valli scendendo sempre piú, fino ad arrivare al mare. Questo succede da centinaia di milioni di anni. Se l'acqua continua a scorrere sempre verso il basso, ci aspetteremmo che quella che si trova in cima ai monti dovesse essere esaurita da tempo. Chi riporta dunque nuovamente l'acqua dal mare fino in cima alle montagne? Noi tutti conosciamo la risposta a questa semplice domanda.

L'energia che il Sole ci manda con i suoi raggi fa evaporare l'acqua del mare e delle valli. Il vapore cosí formato sale e si condensa nelle nuvole; e da queste nuvole cade la pioggia che rifornisce le sorgenti delle montagne. Parte di quest'acqua cade dalle nuvole in forma di neve, e allora resta accumulata sulle cime delle montagne formando nevai e ghiacciai. Cosicché anche nei periodi in cui non piove o piove poco, la neve e i ghiacci, sciogliendosi, continuano ad alimentare le sorgenti d'acqua. Dunque il motore del ciclo delle acque, che riporta l'acqua dal mare alle montagne, è l'energia che la Terra riceve dal Sole.

Vediamo ora il ciclo dell'energia. Come abbiamo già visto, in ogni fenomeno fisico l'energia resta la stessa come quantità, ma peggiora come qualità.

L'energia di qualità piú pregiata è, come abbiamo visto, l'energia meccanica, cioè l'energia di movimento o quella di posizione. Questa energia viene anche detta 'energia nobile'. Ma vi sono anche altre forme di energia nobile, cioè forme di energia altrettanto pregiate rispetto a quella meccanica: l'energia elettrica, o certe forme di energia chimica.

Tutte le forme di energia nobile sono fra di loro equivalenti: possono trasformarsi l'una nell'altra, e in qualunque altra

L'acqua tende a scorrere continuamente verso valle...

forma di energia. Tornando all'esempio del ciclo delle acque, possiamo paragonare le varie forme di energia nobile ad acqua contenuta in serbatoi che si trovino sulla piú alta delle montagne: lasciando scorrere l'acqua da questi serbatoi, possiamo ottenere acqua dovunque ci serva, a qualunque quota. Cosí come l'acqua di questi serbatoi tende a scendere verso quote piú basse, cosí l'energia nobile tende a degradarsi nelle forme di qualità piú bassa, e particolarmente in energia termica. L'energia termica, o calore, avrebbe qualità equivalente a quella dell'energia nobile solo se la sua temperatura fosse infinitamente alta. Via via che l'energia termica si diluisce e ciò facendo si raffredda (via via che la sua temperatura si abbassa), la sua qualità peggiora: via via che la sua temperatura si avvicina alla temperatura dell'ambiente, essa assomiglia sempre di piú all'acqua del mare.

Ogni cosa che si muove, dispone di energia di movimento. Gli animali, ad esempio, traggono l'energia che serve loro per vivere (per muoversi, per essere caldi, ecc.) dall'energia chimica contenuta nei cibi. Via via che viene usata, questa energia si degrada, e viene dissipata nell'ambiente, come acqua ormai arrivata in fondo alle valli fino al mare.

Una esemplificazione del ciclo dell'energia.
a) Le piante ricavano l'energia chimica necessaria per la loro crescita trasformando, attraverso la sintesi clorofilliana, parte dell'energia solare assorbita durante il giorno.
b) Gli animali erbivori ricavano dalle piante l'energia per vivere e
c) sono a loro volta alimento per gli animali carnivori.
L'energia solare alimenta quindi il motore della vita sulla Terra.

b

Gli esseri che vivono sulla Terra continuano da centinaia di milioni di anni a ricavare energia nobile dai cibi. L'acqua dei monti, se non fosse continuamente rifornita dalle piogge, sarebbe ormai tutta scesa nei mari. Allo stesso modo l'energia nobile di tutti i processi che avvengono sulla Terra dovrebbe ormai essere degradata in energia termica alla temperatura ambiente, se non ci fosse un «motore» che rigenera energia nobile. Il motore del ciclo delle acque è alimentato dal Sole. Chi alimenta il motore del ciclo dell'energia? Ebbene, anche il motore del ciclo dell'energia è alimentato dal Sole.

Il principale dei meccanismi con cui il Sole alimenta continuamente il ciclo dell'energia è quel processo che si chiama 'sintesi clorofilliana'. L'altro meccanismo importante è l'evaporazione: il ciclo delle acque, alimentato dal Sole, fa infatti parte del ciclo dell'energia. La sintesi clorofilliana è un processo che viene compiuto dalle piante. Queste assorbono i raggi di luce, e trasformano l'energia di alcuni di essi in energia chimica. Cosí le piante crescono, e cosí facendo immagazzinano di nuovo l'energia che via via utilizzano. Mangiando le piante, gli animali erbivori ricavano da esse l'energia che serve loro per vivere. Gli animali carnivori, che si cibano degli erbivori, traggono anch'essi in definitiva dalle piante, e quindi dal Sole, l'energia necessaria. Dunque il motore della vita sulla Terra è alimentato dall'energia solare.

Da decine di millenni l'uomo ha anche prodotto, col fuoco, energia artificiale; il combustibile impiegato è sempre stato, nei secoli passati, legna da ardere, legna prodotta dalle piante che crescono alla luce del Sole. Dunque anche per questi suoi scopi l'uomo usava in definitiva l'energia solare. Alcune grandi foreste preistoriche, sprofondate sotto terra, si sono trasformate in gas metano, in petrolio, in carbone: abbiamo già detto che tutti questi combustibili, che sono stati generati anticamente dal Sole attraverso la sintesi clorofilliana compiuta dalle piante, si chiamano 'combustibili fossili'. Possiamo paragonare l'energia chimica immagazzinata nei combustibili fossili alla energia di posizione immagazzinata dall'acqua trattenuta in cima alle montagne nella forma di ghiacciai.

Nel corso di questo secolo, e in parte del precedente, l'uomo ha cominciato a usare, per azionare le sue macchine, quantità sempre maggiori di energia sviluppata dai combustibili. I combustibili naturali come la legna (e le altre forme di energia cosiddette 'rinnovabili' che sono continuamente rifornite dal Sole: l'energia di posizione delle acque che scendono dalle montagne; l'energia del vento; la stessa energia luminosa e termica portata dai raggi del Sole) non sono piú stati sufficienti a soddisfare la fame di energia pregiata che ha la moderna civiltà. Sono cosí stati impiegati, in misura sempre crescente, le riserve fossili di energia. È come se, nel ciclo delle acque, l'acqua che scende dalle montagne nei fiumi non fosse piú sufficiente a soddisfare le necessità, e l'uomo avesse cominciato a sciogliere artificialmente i ghiacciai. E quando i ghiacciai saranno completamente sciolti, cioè quando i combustibili fossili saranno esauriti? L'umanità dovrà imparare ad essere meno ingorda di energia. Ma qui, non siamo interessati a questo tipo di considerazioni. Continuiamo invece a descrivere come si comporta l'energia nelle sue varie trasformazioni.

6. I motori termici e le pompe di calore. Come abbiamo visto, l'energia nobile, e in particolare l'energia di movimento, tende a trasformarsi in energia termica; ma non viceversa.

L'uomo ha però inventato i motori termici che producono energia di movimento a partire dall'energia termica sviluppata dai combustibili.

Dunque, sembrerebbe che i motori termici contraddicano

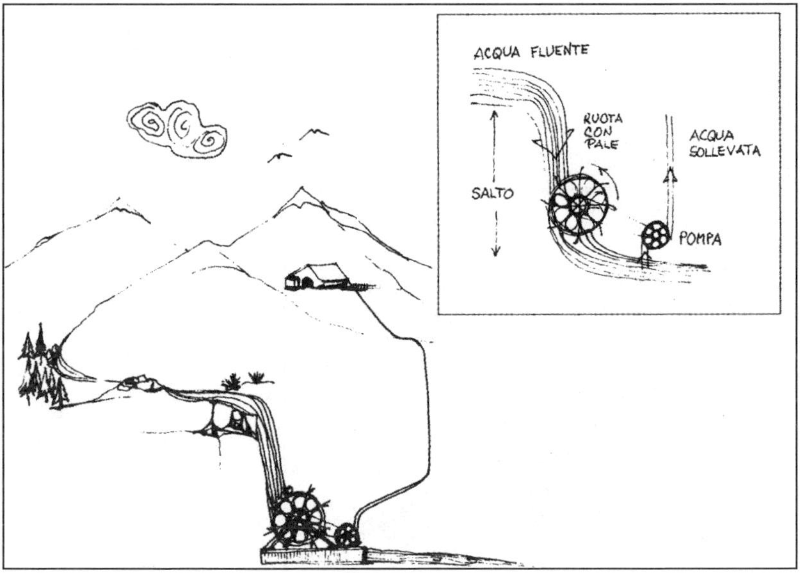

L'acqua fluente verso il basso può essere impiegata per trasportarne una parte piú in alto.

la regola generale secondo cui l'energia tende sempre a degradarsi; ciò che i motori termici producono è infatti una forma di energia piú nobile di quella che essi consumano. In realtà, nemmeno i motori termici contraddicono la regola generale, cui obbediscono senza eccezione tutti i processi, siano essi naturali o artificiali. Nessun fenomeno, che riguardi cose inanimate o esseri viventi, può disubbidire al secondo principio della termodinamica.

Per capire come i motori termici, pur producendo energia nobile, non contraddicano il secondo principio della termodinamica, facciamo ancora una volta un paragone relativo al movimento dell'acqua.

L'acqua tende sempre a scorrere verso il basso; e dunque un torrente scorre sempre verso valle e mai verso il monte. Eppure, è possibile fare in modo che *una parte* dell'acqua del torrente salga fino in cima alla collina. Approfittando di una cascatella, di un salto d'acqua, si possono far girare le pale di un mulino; e queste, azionando una pompa, possono trasportare parte dell'acqua del torrente fino in cima alla collina. Questo fatto è mostrato schematicamente nella figura.

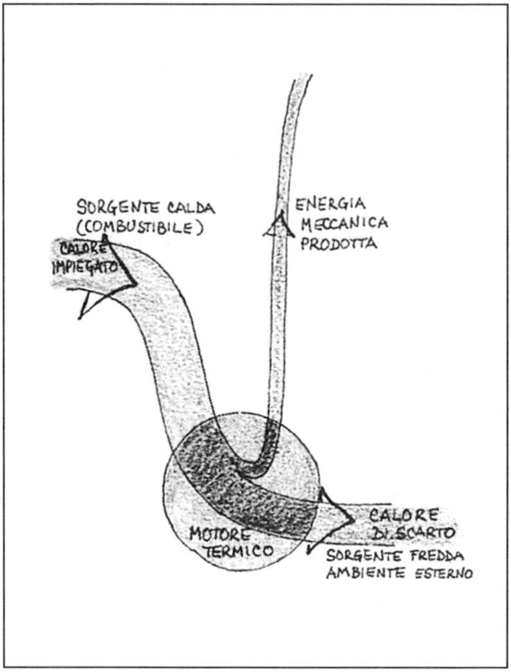

Schema di funzionamento di un motore termico.

A destra, schema di una macchina impossibile: produce energia meccanica utilizzando una sola sorgente di calore.

L'acqua di un lago, stagnante tutta allo stesso livello, non contiene in sé la possibilità di elevarsi spontaneamente, nemmeno in parte, fino a quote piú alte. Ma l'acqua di un torrente, che scorre verso valle, può impiegare parte della energia di movimento che acquisisce proprio dal suo scorrere a valle, per elevare *una parte* di se stessa fino alla vetta della collina.

I motori termici funzionano in maniera simile. Essi impiegano calore ad alta temperatura, ricavato da una caldaia o dalla combustione diretta di un combustibile (è quella che si chiama la 'sorgente calda' del motore). Questo calore tende a fluire verso una temperatura piú bassa, verso la 'sorgente fredda'. Di solito, la sorgente fredda è rappresentata dall'aria dell'ambiente esterno, oppure dall'acqua di un corso d'acqua: è questo il caso, ad esempio, delle grandi centrali termoelettriche che producono energia elettrica. È proprio fluendo dalla sorgente ad alta temperatura verso la sorgente a bassa temperatura che il calore fa girare il motore; il quale trasforma *una parte* del calore estratto dalla sorgente calda in energia nobile.

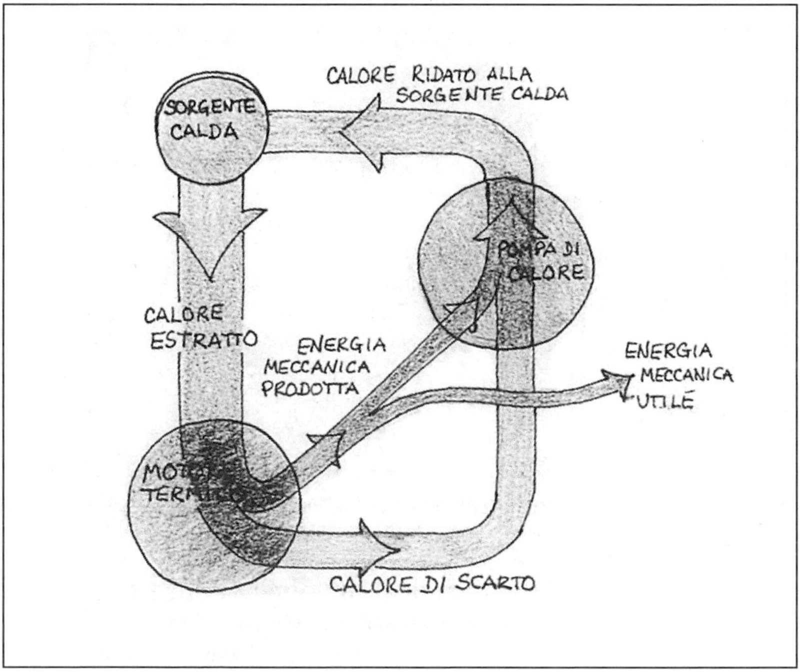

Lo schema di funzionamento del 'motore termico' (su cui torneremo in particolare nel III capitolo) è mostrato nella figura. È molto simile, come si vede, a quello della pompa azionata dall'acqua che scende da una cascata. Nel suo complesso, l'energia termica che viene dalla sorgente calda ha peggiorato la sua qualità: a compensare il miglioramento di qualità che ha avuto la frazione di energia termica che è stata trasformata in energia nobile, vi è infatti il peggioramento di qualità di tutta l'energia termica che viene ceduta alla sorgente fredda. La frazione di energia termica che viene trasformata in energia nobile si chiama 'rendimento' del motore. Di solito, il rendimento di un comune motore è dell'ordine di un quarto o poco piú: solo la quarta parte dell'energia termica sviluppata dal combustibile viene trasformata in energia di movimento. Il resto (cioè i tre quarti!) viene ceduta alla sorgente fredda, cioè all'aria dell'ambiente, e resta dunque inutile e degradata. Solo le macchine termiche molto grandi, che funzionano in maniera molto regolare e continuativa alimentate da calore ad alta temperatura (come ad esempio le grandi centrali ter-

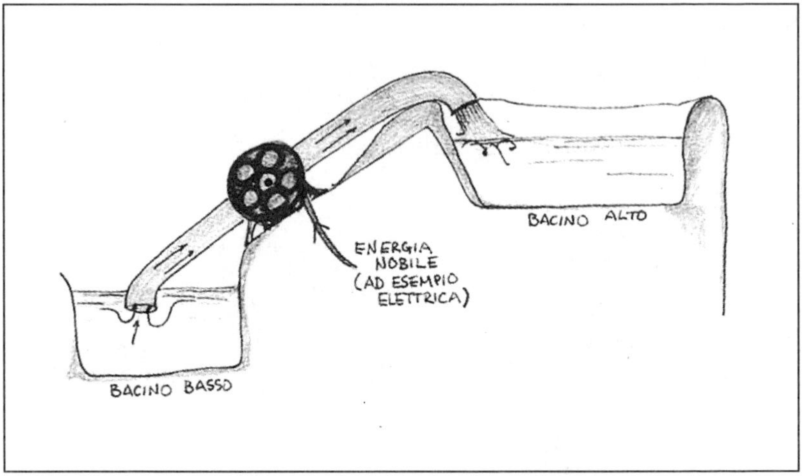

Il verso naturale di scorrimento dell'acqua (dall'alto verso il basso) può essere invertito, pur di usare una pompa che assorbe energia.

moelettriche dell'Enel), hanno un rendimento un poco piú elevato, dell'ordine di un terzo o anche qualcosa in piú.

Ma non ci sarà mai inventore capace di realizzare un motore con rendimento pari ad uno: una macchina cioè capace di trasformare tutto il calore sviluppato dal combustibile in energia di movimento. Una simile macchina infatti trasformerebbe l'energia termica in energia di qualità superiore: mentre il secondo principio della termodinamica afferma che l'energia che esce da un processo deve avere sempre, nel suo complesso, qualità inferiore (o al massimo uguale) rispetto all'energia che entra nel processo stesso.

In altre parole, non sarà mai possibile inventare un motore che trasformi in energia di movimento il calore estratto da una sola sorgente: cosí come l'acqua stagnante in un lago non può far girare un mulino, cosí il calore, per poter far funzionare un motore, deve fluire da una sorgente calda ad una sorgente fredda.

C'è un'altra macchina che, a prima vista, sembra funzionare contraddicendo il secondo principio della termodinamica: il frigorifero. Mentre infatti il secondo principio afferma che il calore fluisce sempre, spontaneamente, da una sorgente calda ad una fredda e mai all'incontrario, un frigorifero estrae calore dalla cella frigorifera, che è fredda, e riversa tale calore all'esterno, cioè in un ambiente che è piú caldo della cella da cui il calore è stato prelevato.

Ancora una volta, possiamo usare il moto dell'acqua per fare un paragone. Dentro un tubo che non sia orizzontale, l'acqua tende sempre a scorrere verso il basso: ma, usando una pompa, la si può fare scorrere anche verso l'alto. La macchina che aziona il frigorifero si chiama infatti anche 'pompa di calore', e il suo schema di funzionamento è quello mostrato in figura.

La pompa di calore, per funzionare, ha bisogno di energia nobile: nel caso dei frigoriferi, l'energia assorbita dalla macchina è di solito energia elettrica. Utilizzando tale energia nobile, la macchina pompa il calore dalla sorgente fredda verso la sorgente calda. La qualità della energia termica coinvolta nel processo è migliorata, perché è aumentata la sua temperatura; ma questo miglioramento è compensato dal fatto che l'energia nobile assorbita dalla macchina è stata trasformata in energia termica, e dunque la sua qualità è peggiorata. In complesso, la qualità di tutta l'energia coinvolta nel processo non può migliorare, ed anzi nei fatti peggiora notevolmente.

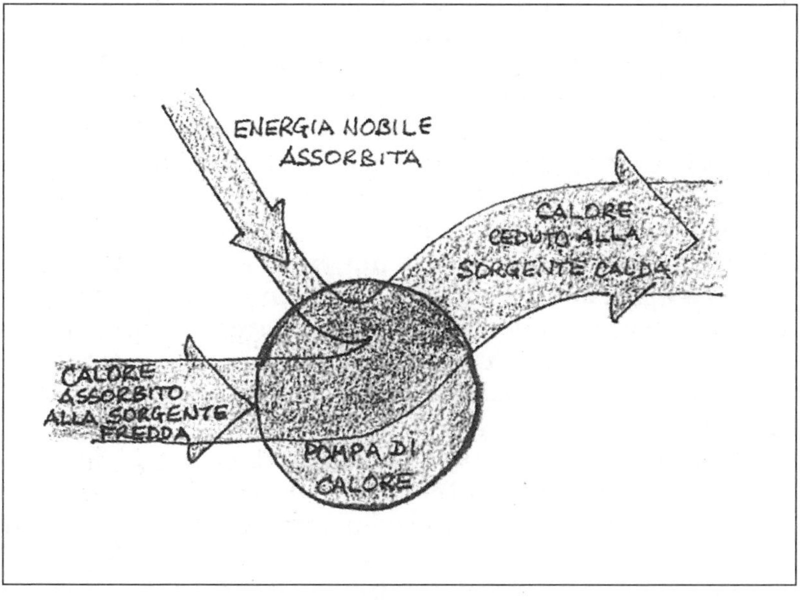

Schema di funzionamento di un frigorifero.

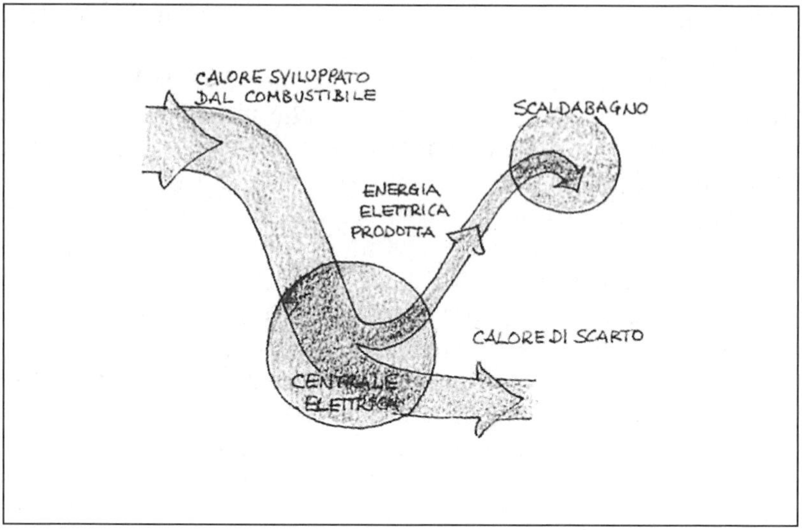

Schema di funzionamento di un usuale scaldabagno elettrico.

Fra parentesi, quanto abbiamo or ora discusso mostra perché non è conveniente usare energia nobile, ad esempio energia elettrica, trasformandola semplicemente in calore, come accade ad esempio negli scaldabagni elettrici. Con cento unità di energia elettrica produciamo infatti, in tal modo, cento unità di energia termica; mentre per produrre quelle cento unità di elettricità è stato necessario impiegare, nella centrale termoelettrica, circa trecento unità di energia termica sviluppata dal combustibile. Nel complesso, delle trecento unità di energia contenuta nel combustibile, solo cento sono servite per riscaldare l'acqua di casa nostra; le altre duecento sono state dissipate con l'acqua di raffreddamento della centrale. Usando invece una pompa di calore, le cento unità di energia elettrica possono essere usate per pompare una quantità ben maggiore di energia termica dalla temperatura ambiente fino alla temperatura che ci serve.

Per lo stesso motivo, se disponiamo di calore ad alta temperatura sviluppato da un combustibile e ci serve invece calore a bassa temperatura (ad esempio per riscaldare una casa), non è conveniente raffreddare semplicemente il calore che il combustibile ha prodotto. È piú conveniente usare tale calore per far funzionare un motore termico, e con questo azionare

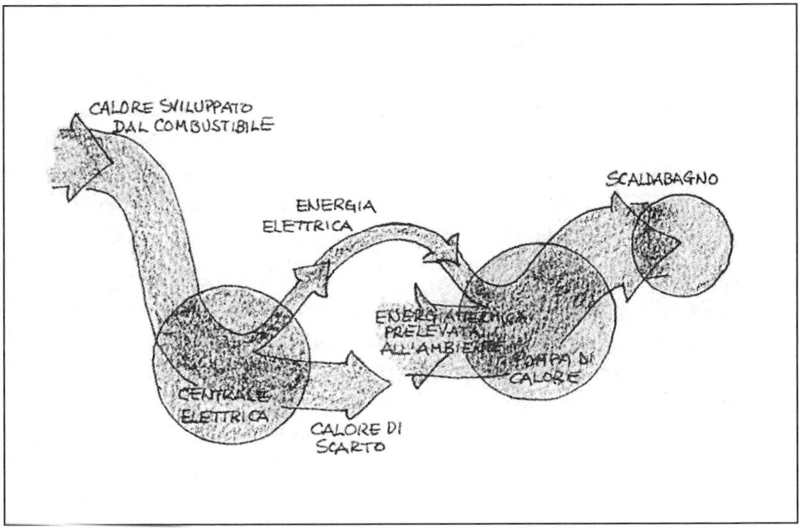

Schema di funzionamento di uno scaldabagno a pompa di calore elettrica.

una pompa di calore: il calore che cosí viene «pompato» dalla temperatura ambiente fino alla temperatura desiderata sarà in quantità superiore rispetto a quello sviluppato dal combustibile.

7. Rendimento dei motori. La qualità dell'energia complessivamente coinvolta in un qualunque processo termodinamico non può dunque migliorare: al limite essa potrebbe restare immutata, e allora quel processo non produrrebbe alcun degrado; ma nella pratica, la qualità dell'energia peggiora sempre. A questa regola, come abbiamo visto, non sfuggono i motori termici.

Un motore termico che non produca alcun peggioramento di qualità dell'energia complessiva viene detto un 'motore ideale' (o anche 'perfetto' o 'reversibile'). In un motore ideale il degrado dovuto all'energia termica che fluisce dalla sorgente calda a quella fredda compensa esattamente il miglioramento di qualità dovuto alla produzione di energia meccanica.

I motori reali producono però sempre un peggioramento piú o meno rilevante della qualità dell'energia complessivamente coinvolta nel processo.

Una volta fissate le temperature delle due sorgenti termiche del motore (cioè della sorgente calda da cui esso preleva il calore, e della sorgente fredda a cui esso cede il calore di scarto), la termodinamica classica insegna a calcolare il rendimento di quel motore, qualora si tratti di un motore ideale. Qualunque 'motore reale' funzionante fra quelle due stesse temperature ha rendimento minore rispetto a quello del motore ideale. Ricordo che con rendimento di un motore si intende la frazione di calore prelevata alla sorgente calda che il motore è in grado di trasformare in energia di movimento.

L'espressione matematica del rendimento di un motore ideale fu calcolata per la prima volta da Sadi Carnot (1796-1832).

Si tratta di una formula estremamente semplice, e precisamente:

$$\text{Rendimento} = \frac{t_c - t_f}{t_c + 273}$$

dove t_c è la temperatura della sorgente calda e t_f è la temperatura della sorgente fredda, espresse in gradi centigradi.

Se ad esempio la temperatura della sorgente calda fosse $t_c = 100$ gradi, e quella della sorgente fredda fosse $t_f = 20$ gradi, si ottiene per il rendimento della macchina ideale il seguente valore:

$$\text{Rendimento} = \frac{100 - 20}{100 + 273} = \frac{80}{373} = 0{,}21.$$

Nemmeno la macchina ideale in questo caso potrebbe trasformare in energia meccanica piú di un quinto, all'incirca, dell'energia termica che essa preleva dalla sorgente calda.

Il rendimento di un motore ideale aumenta all'aumentare della temperatura della sorgente calda, e al diminuire della temperatura della sorgente fredda. Tuttavia di solito non si dispone di una sorgente a una temperatura piú bassa di quella dell'aria ambiente (o dell'acqua), che possiamo immaginare si trovi mediamente a una temperatura di circa 20 gradi; e l'unica cosa che si può fare per aumentare il rendimento del mo-

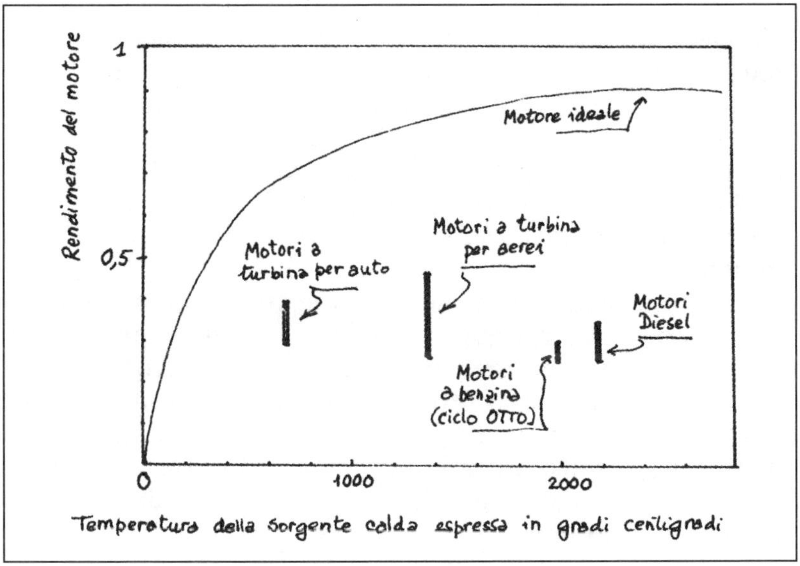

Rendimento del motore ideale e di alcuni motori reali.

tore ideale è quello di far sí che la sorgente calda si trovi alla temperatura piú alta possibile.

Il grafico della figura in alto mostra come aumenta il rendimento di un motore ideale all'aumentare della temperatura della sorgente calda, se si ammette che la sorgente fredda si trovi a 20 gradi. Nella stessa figura è anche indicato il rendimento tipico di alcuni motori reali.

I motori cosiddetti a 'combustione interna' (ad esempio i 'motori Diesel', o i motori a benzina a 'ciclo Otto') sono quelli in cui la sorgente calda è rappresentata dallo stesso combustibile che brucia nel motore. Si tratta di motori particolarmente semplici e versatili, e la temperatura della sorgente calda può essere molto alta, superiore ai duemila gradi: i gas all'interno del motore, che sono la vera sorgente calda, possono essere infatti molto piú caldi delle parti meccaniche del motore stesso, che a temperature cosí alte sarebbero irrimediabilmente danneggiate, anche scegliendo i materiali piú opportuni. Come si vede dalla figura, anche i piú perfetti fra questi motori hanno però un rendimento che non è piú di un terzo rispetto a quello di un motore ideale che lavori a pari temperatura.

I 'motori a turbina' e 'a combustione esterna' possono raggiungere un rendimento che è prossimo alla metà rispetto al rendimento del motore ideale. Tuttavia essi lavorano necessariamente a temperatura piú bassa, perché altrimenti i materiali che li costituiscono si danneggiano. In definitiva anche per essi, che sono in generale piú costosi, il rendimento non supera un valore di circa 0,3: non piú di un terzo dell'energia liberata dai combustibili viene cioè trasformata in energia di movimento.

In realtà, tenuto conto che i motori funzionano di solito in condizioni molto variabili, il loro rendimento medio è ancora piú basso, come avevamo anticipato nel paragrafo 6.

In passato molti inventori hanno inseguito il sogno di realizzare il 'moto perpetuo', cioè una macchina capace di produrre energia meccanica impiegando calore estratto da una sola sorgente, ad esempio dal grande serbatoio di calore rappresentato dal mare.

La termodinamica, e in particolare il suo secondo principio, ci dice che questo sogno è impossibile. Già a partire dalla seconda metà del Settecento (prima ancora della enunciazione dei princípi della termodinamica) l'Accademia delle Scienze di Francia aveva deciso di non prendere piú nemmeno in considerazione la proposta di macchine finalizzate all'obiettivo del moto perpetuo: non valeva a loro avviso, giustamente, nemmeno la pena di fare lo sforzo di capire in quale punto fosse sbagliato il ragionamento, spesso complicato, che questi inventori facevano per progettare le loro macchine impossibili.

Formalmente, questa decisione riguardava solo i 'moti perpetui di prima specie', cioè quelli capaci di girare senza assorbire alcun tipo di energia. Nei fatti, da allora la scienza ufficiale non si occupò piú nemmeno dei moti perpetui di seconda specie, finalizzati cioè a trasformare in energia meccanica il calore estratto da una sola sorgente termica.

Ma come risulta dalla figura di pagina 37, siamo ancora oggi molto lontani anche dal realizzare un sogno scientificamente possibile: cioè quello di aumentare il rendimento dei motori termici fino a valori prossimi a quelli idealmente raggiungibili. Per raggiungere questo obiettivo vanno sciolti alcuni nodi tecnologici assai complessi.

8. Conclusioni. In questo primo capitolo abbiamo visto che qualunque trasformazione di un qualunque sistema fisico è accompagnata da trasformazioni dell'energia.

L'energia può cambiare forma; può trasferirsi, cioè cambiare posizione e passare da un sistema all'altro; può essere immagazzinata. Tuttavia essa si conserva sempre: non può essere né creata né distrutta. Abbiamo anche visto che non tutte le forme di energia sono fra di loro equivalenti. Alcune forme di energia sono piú pregiate perché sono piú versatili.

L'energia nobile (cioè l'energia meccanica, sia di movimento che di posizione; l'energia elettrica; certe forme di energia chimica) è la piú pregiata di tutte, perché può trasformarsi spontaneamente, all'occorrenza, in qualunque altra forma di energia. L'energia termica è invece meno pregiata: solo una parte di essa può trasformarsi in energia nobile. L'energia termica è tanto meno pregiata quanto piú bassa è la sua temperatura. L'energia termica tende a fluire spontaneamente dalle sorgenti ad alta temperatura verso le sorgenti a temperatura piú bassa, ma non viceversa. In ogni trasformazione dunque la qualità dell'energia tende a peggiorare. Il verso naturale di trasformazione dell'energia può essere invertito, ma solo parzialmente. I motori termici producono energia di movimento (cioè energia nobile) impiegando energia termica. Solo una parte, tuttavia, dell'energia termica assorbita dal motore viene trasformata in energia di movimento; il resto, viene dissipato nella forma di energia termica a bassa temperatura. La frazione di energia la cui qualità è migliorata, è dunque compensata dalla rimanente parte, la cui qualità peggiora: nel suo complesso, la qualità dell'energia coinvolta nel processo è peggiorata anche in questo caso.

Lo stesso accade nel caso delle pompe di calore: queste pompano una certa quantità di energia termica da una temperatura bassa verso una temperatura piú elevata, migliorandone cosí la qualità. Ciò viene tuttavia ottenuto impiegando una certa quantità di energia nobile che viene trasformata in energia termica. Questa frazione di energia, la cui qualità peggiora, compensa il miglioramento di qualità dell'energia termica: nel suo complesso, la qualità dell'energia complessivamente coinvolta nel processo peggiora ancora una volta.

Tutte queste leggi, che abbiamo descritto in questo primo capitolo, derivano dalla osservazione diretta dei fatti. Esse sono dunque leggi fenomenologiche, descrittive. In altri termini, fino a qui ci siamo occupati di descrivere *come* si svolgono i fatti, senza nemmeno cercare di capire i *perché*. Da qui in avanti ci occuperemo invece, per l'appunto, di approfondire i *perché* le cose vadano in tal modo. Perché l'energia che *esce* da un processo è di qualità peggiore rispetto a quella che *entra* nel processo stesso? Qual è il motivo per cui l'energia «invecchia», visto che col passare del tempo essa assume una forma sempre meno pregiata, fino a divenire praticamente inutile quando si degrada alla forma di energia termica alla temperatura ambiente? Qual è infine il significato stesso di *qualità* dell'energia? A queste domande cercheremo di dare una risposta nel prossimo capitolo.

II. IL CONCETTO FISICO DI DISORDINE E L'EVOLUZIONE SPONTANEA DEI SISTEMI COMPLESSI

Invecchiamento e disordine - Disordine e probabilità - L'espansione libera di un gas e l'entropia - Sistemi termodinamici, variabili di stato, entropia - Alcuni approfondimenti sul significato della temperatura e di altre grandezze utili - Il secondo principio della termodinamica e il disordine - Entropia, informazione, struttura - Conclusioni

1. Invecchiamento e disordine. Di regola, la comprensione di un fenomeno è tanto piú difficile quanto piú complesso è il sistema fisico coinvolto nel fenomeno. Per questo motivo, dovendo studiare il comportamento di un determinato sistema fisico, la scienza cerca prima di vedere quali componenti piú semplici costituiscono quel sistema; e comincia con lo studiare e comprendere il comportamento di tali componenti semplici. Cosí, ad esempio, per lo studio delle proprietà della materia si è visto che questa è costituita di molecole, e si è studiato il comportamento delle molecole; poi si è visto che le molecole sono costituite di atomi, e questi, a loro volta, di un nucleo e di elettroni. Questo fatto lo si esprime dicendo che si cerca di capire il comportamento 'macroscopico' dei sistemi analizzando i loro componenti 'microscopici' (dal greco *macrós* "grande", *micrós* "piccolo" e *scopéo* "svelo").

Se si analizza il comportamento di un atomo, o di una molecola, si trova che questi sistemi semplici hanno un comportamento che non identifica quale sia il verso in cui scorre il tempo. In altri termini, se si facesse una registrazione cinematografica del loro movimento, e se poi il film venisse proiettato alla rovescia cominciando dal fondo, non si troverebbe in esso alcun indizio di questa inversione. Le immagini, pur scorrendo all'incontrario, sarebbero altrettanto plau-

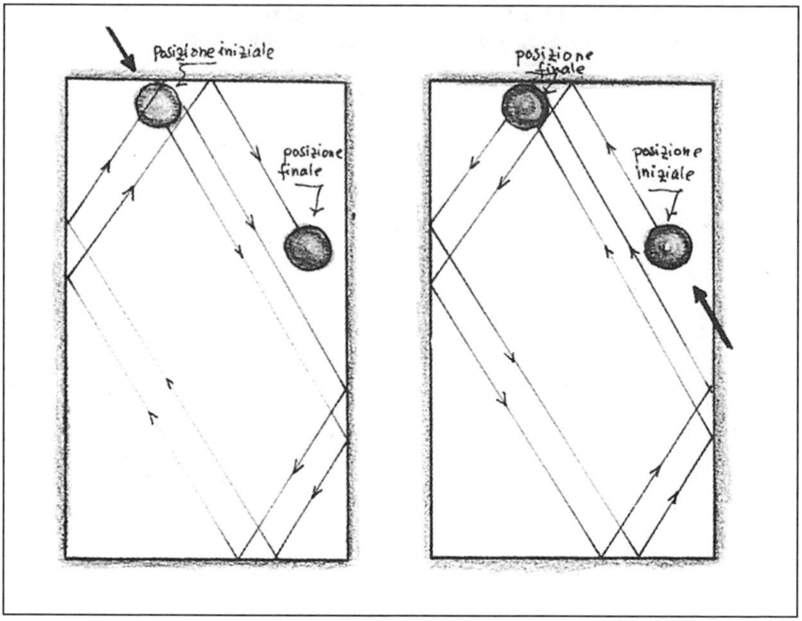

Una palla da biliardo va, attraverso una serie di rimbalzi, da una certa posizione iniziale a una certa posizione finale. Partendo in direzione opposta dalla posizione finale, torna praticamente alla posizione iniziale. Il suo moto è approssimativamente reversibile.

sibili: esse sarebbero perfettamente coerenti con le leggi che descrivono il comportamento di un atomo (o di una molecola) reale.

Si dice, per enunciare questo fatto, che le leggi che descrivono il comportamento degli atomi sono indipendenti dal verso di scorrimento del tempo o 'invarianti per inversione temporale'. (In alcuni fenomeni relativi al comportamento di particelle subnucleari si è trovato indizio di una lievissima violazione di questa legge di invarianza; questa violazione non influenza, tuttavia, i ragionamenti che farò nel seguito).

Questa regola di comportamento vale anche, approssimativamente, quando abbiamo a che fare con sistemi macroscopici particolarmente semplici, in situazioni particolari. Il moto dei pianeti intorno al Sole è molto prossimo ad essere invariante per inversione temporale. In termini ancor piú approssimativi, la regola vale anche per sistemi piú vicini a noi. Ad esempio, una palla da biliardo che urti contro un'altra palla, e contro i bordi del tavolo da biliardo, si comporta in maniera approssimativamente simmetrica rispetto allo scorrere del tempo: se cioè facciamo un film, e poi lo proiettiamo all'incontrario, non è facile accorgersi della differenza. Certo, c'è il fatto che in ogni urto la palla, via via che compie gli urti, nella pellicola proiettata all'incontrario appare andare sempre piú veloce. Ma questo effetto è dovuto alla azione di frenamento che nella realtà la palla subisce: a causa di ciò, parte dell'energia di movimento della palla si trasforma in energia termica; e questo, come abbiamo visto, è un fenomeno non reversibile. Ma costruendo il tavolo con particolare cura, l'azione di frenamento potrebbe essere ridotta moltissimo, e allora il movimento della palla sarebbe sempre piú prossimo a un movimento indipendente dal verso di scorrimento del tempo.

Questo è vero fino a che il sistema che consideriamo è particolarmente semplice, cioè costituito da un solo componente (la palla da biliardo) o da pochissimi componenti (ad esempio due sole palle). Ma immaginiamo adesso che su quel tavolo da biliardo si stia svolgendo una partita «alla americana». Quindici palle numerate vengono poste al centro, in bell'ordine, cosí come mostrato in figura. Al primo colpo, che viene dato con la stecca sulla palla disposta su uno dei vertici del

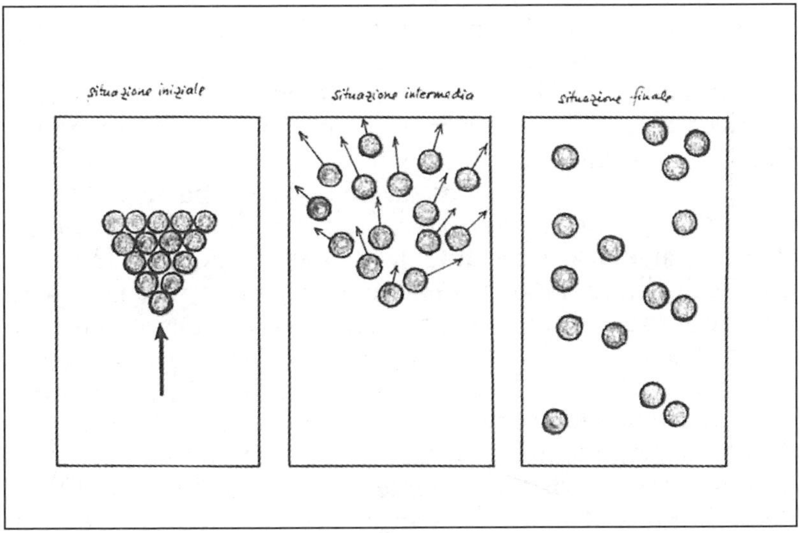

Muovendosi casualmente, le palle da biliardo possono passare spontaneamente dalla situazione iniziale di ordine a quella finale di disordine, ma non viceversa.

triangolo, le palle se ne vanno ciascuna per conto proprio, e alla fine le troviamo disposte disordinatamente sul tavolo.

Se questo inizio di partita è stato ripreso cinematograficamente, e se poi il film viene proiettato alla rovescia, ci accorgiamo immediatamente del trucco. Perché mentre è normale e plausibile che le palle vadano spontaneamente da una situazione di ordine perfetto verso una situazione di disordine, denunceremmo subito un trucco se vedessimo che esse, muovendosi a partire da una situazione disordinata, si vanno a disporre spontaneamente in bell'ordine, a costituire una formazione triangolare con ogni palla numerata messa al suo giusto posto. Diremmo subito che questo non è possibile.

Nonostante dunque ciascuna palla da biliardo, presa per proprio conto, si muova in modo da rispettare l'invarianza per inversione temporale, quando le consideriamo tutte nel loro insieme abbiamo un sistema che non rispetta questa legge. Osservando quindi il movimento di un sistema complesso, possiamo immediatamente giudicare in quale verso scorra il tempo: di due diverse situazioni, possiamo dire quale di esse si è verificata prima e quale dopo. Ogni sistema complesso tende infatti spontaneamente ad andare verso il disordine; mentre non è possibile che esso, partendo da una situazione disordinata, raggiunga spontaneamente una situazione di ordine. Non è difficile immaginare gli esempi piú disparati a conferma di questa legge generale.

Immaginiamo che dentro una stanza si trovino un certo numero di bocce; e supponiamo che queste siano disposte a forma di piramide, cosí come mostrato in figura. Chiudiamo a chiave la porta della stanza. Se lasciamo passare il tempo (settimane, o mesi, o anni) e poi aprendo la porta troviamo le bocce sparse disordinatamente sul pavimento, non troviamo niente di strano. Non ci chiederemo chi sia entrato nella stanza. Può essere che non sia entrato nessuno: perché basta lasciare trascorrere il tempo, e nei sistemi complessi in virtú dell'azione del caso può subentrare il disordine, spontaneamente, anche senza che nessuno intervenga deliberatamente. Ma se nel momento di chiudere la stanza lasciamo tutte le bocce sparse disordinatamente sul pavimento e, piú tardi, quando è passato un certo tempo, aprendo la porta troviamo le bocce disposte in ordine a forma di piramide, non avremo alcun dubbio: qualcuno deve essere entrato nella stanza.

Dal disordine all'ordine non si va spontaneamente. Se anche lasciamo passare anni e decenni e secoli interi, le palle non tenderanno mai a mettersi in ordine da sole. A meno che non intervenga qualcuno dall'esterno, e non impieghi per raggiungere l'obiettivo dell'ordine intelligenza ed energia.

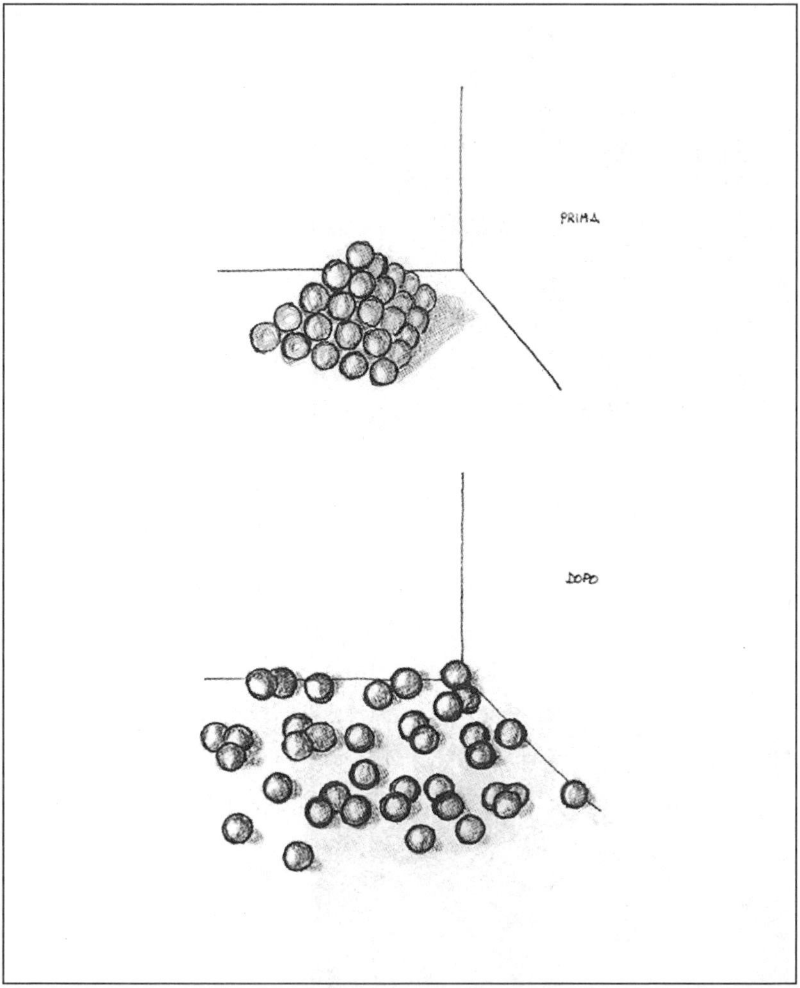

Ancora un altro esempio. Prendiamo un mazzo di cinquantadue carte, un mazzo nuovo; e immaginiamo che tutte le carte siano disposte in ordine: dall'asso di cuori al re di cuori, e poi dall'asso al re di quadri, e poi i fiori e le picche.

L'ordine non si crea spontaneamente...

... il disordine sí.

Adesso mescoliamo il mazzo, e vediamo come le carte si vanno a disporre a seguito di questa operazione casuale. Troveremo che è stata raggiunta una situazione di completo disordine.

Ma partiamo adesso da un mazzo completamente disordinato, e mescoliamolo. Non ci aspettiamo certo che esso si vada a disporre, spontaneamente, in una sequenza completamente ordinata. Se ciò accadesse, grideremmo al miracolo, o piú semplicemente diremmo che c'è stato un trucco.

Questi esempi servono a introdurre una legge di carattere generale. Dato un qualunque 'sistema complesso', formato cioè da un numero molto grande di costituenti semplici, esso tende a evolvere spontaneamente dall'ordine verso il disordine; e non, al contrario, dal disordine verso l'ordine. Anzi, questa regola ci consente addirittura di stabilire il verso in cui il tempo scorre. Se di un sistema complesso noi scattiamo due fotografie, e poi guardando le fotografie vogliamo giudicare quale delle due è stata scattata per prima, possiamo farlo: se siamo certi che il sistema si stava evolvendo spontaneamente (che cioè su di esso non è intervenuto dall'esterno nessuno a mettere deliberatamente ordine), allora la fotografia che mostra una situazione piú ordinata è certamente quella che è stata scattata per prima. Spontaneamente, infatti, i sistemi complessi (e tutti i sistemi macroscopici sono sistemi complessi) tendono verso il disordine.

Per qualunque sistema, invecchiamento significa aumento del disordine.

2. Disordine e probabilità. Abbiamo dunque visto che agendo su un qualunque sistema complesso, il tempo produce disordine: i sistemi complessi evolvono spontaneamente verso il disordine. Ciò accade nonostante il movimento di ciascuno dei componenti semplici che costituiscono il sistema sia invece invariante per inversione del tempo.

Cosí enunciata, questa legge è anch'essa una legge empirica, o fenomenologica: la sua enunciazione deriva cioè dalla osservazione diretta del comportamento dei sistemi su cui ci capiti di soffermare la nostra attenzione. Tuttavia, di questa legge non è molto difficile capire il perché. Analizziamo con piú attenzione, dei vari esempi che ho presentato nel precedente paragrafo, quello relativo al mazzo di carte.

Cominciamo con l'immaginare di avere, per semplicità, anziché un mazzo di cinquantadue carte, quattro sole carte: ad esempio l'asso, il due, il tre e il quattro di cuori. In quanti possibili modi possono disporsi queste quattro carte? Le possibili sequenze di carte, dette 'permutazioni', sono:

1 2 3 4	1 2 4 3	1 3 2 4	1 3 4 2	1 4 2 3	1 4 3 2
2 1 3 4	2 1 4 3	2 3 1 4	2 3 4 1	2 4 1 3	2 4 3 2
3 1 2 4	3 1 4 2	3 2 1 4	3 2 4 1	3 4 1 2	3 4 2 1
4 1 2 3	4 1 3 2	4 2 1 3	4 2 3 1	4 3 1 2	4 3 2 1

Le permutazioni di quattro carte sono dunque 24: le quattro carte possono cioè disporsi in 24 sequenze diverse. È facile verificare che il numero di permutazioni di quattro carte può essere calcolato come $4 \times 3 \times 2 = 24$. Se anziché quattro carte ne avessimo cinque, il numero di permutazioni sarebbe $5 \times 4 \times 3 \times 2 = 120$; se le carte fossero sei, il numero di permutazioni sarebbe $6 \times 5 \times 4 \times 3 \times 2 = 720$; e cosí via. Cinquantadue carte possono dunque disporsi in un numero di permutazioni dato da $52 \times 51 \times 50 \times 49 \ldots \times 3 \times 2$. Facendo il conto si trova un numero veramente enorme: all'incirca, un 1 seguíto da 68 zeri!

Bene, di tutti i possibili modi in cui le carte possono disporsi, solo uno chiamiamo «ordine»: quello con tutte le carte in ordine crescente, dall'asso al K, un seme dopo l'altro. Qualunque altra sequenza, qualunque altra permutazione, noi la chiamiamo «disordine».

Dunque il disordine è incredibilmente piú probabile dell'ordine. Se mescolando le carte a caso noi pretendessimo che si disponessero spontaneamente in ordine, sarebbe come pretendere di vincere una lotteria di cui fossero stati venduti un numero incredibilmente alto di biglietti (un numero rappresentato, appunto, da un 1 seguíto da 68 zeri: questo numero si scrive come 10^{68}), e noi possedessimo un biglietto solo. Contro un unico caso favorevole, i casi possibili sono cosí numerosi che se anche noi continuassimo per anni ed anni, e per millenni (o per milioni e miliardi di anni) a compiere prove, sarebbe comunque estremamente improbabile che capitasse quell'unica sequenza favorevole.

Ecco dunque perché i sistemi complessi evolvono spontaneamente verso il disordine: perché il disordine è incommensurabilmente piú probabile dell'ordine.

Poiché, nell'evoluzione spontanea dei sistemi complessi, un ruolo determinante è svolto dal caso, i sistemi complessi evolvono verso la loro configurazione piú probabile, cioè verso la configurazione di massimo disordine. La legge empirica, basata cioè sull'esperienza, dell'evoluzione verso il disordine ha dunque una spiegazione assai semplice: essa equivale a dire che i sistemi complessi evolvono verso la loro configurazione piú probabile.

Gli altri esempi che abbiamo visto nel precedente paragrafo, ad esempio quello delle quindici biglie da biliardo, hanno tutti una spiegazione analoga, anche se il calcolo dettagliato delle probabilità è piú complesso che non nel caso delle carte. Quando le biglie disposte a triangolo ricevono, sulla palla al vertice, il colpo della stecca, la palla colpita comunica movimento a quelle adiacenti; e queste a loro volta a quelle ad esse vicine. In questi urti reciproci sono dominanti gli elementi di casualità, e le biglie si sparpagliano dunque a caso sul tavolo da biliardo, dopo essersi urtate piú volte fra di loro, e dopo aver colpito piú volte le sponde. Qualunque disposizione esse raggiungano sul tavolo, questa rappresenta una configurazione casuale, una fra le infinite possibili situazioni di disordine. Ma se ora volessimo far ripercorrere loro il cammino in senso inverso, fino a ritornare attraverso il loro tortuoso percorso esattamente verso la configurazione iniziale, che rappresenta l'unica situazione di ordine, sarebbe necessario che ognuna di esse fosse spinta esattamente nella direzione giusta con esattamente la giusta velocità e nell'istante esatto necessario per farle convergere simultaneamente nella disposizione triangolare: e questa è una evenienza cosí rara da essere praticamente impossibile. Se si verificasse, certamente dovremmo denunciare un trucco. Fra parentesi, poiché ci sarà utile piú avanti, possiamo fare una ipotesi su quale potrebbe essere un trucco per far tornare di nuovo le palle da biliardo dalla situazione di disordine verso l'iniziale configurazione di ordine.

Immaginiamo che le palle siano legate una all'altra ciascuna da un sottile elastico, che possa allungarsi quanto vogliamo senza rompersi. Allora le biglie, dopo aver ricevuto il colpo di stecca iniziale, si muoverebbero, come abbiamo già visto, in maniera casuale. Ma ora, contrariamente al caso precedente, il loro movimento sarebbe via via frenato dall'elastico fino a farle fermare. E poi ciascuna riprenderebbe a muoversi ancora, tirata dall'elastico, verso il punto centrale. Il movimento di ciascuna di esse potrebbe ancora apparire (e sarebbe) casuale. Ma al di sopra del caso, ci sarebbe sempre l'elastico, che le attirerebbe verso la situazione iniziale. Lasciando sfogare gli elementi di casualità, sarebbe finalmente l'elastico a spuntarla. La sua forza di attrazione è infatti tale da far sí che quella unica configurazione divenga quella verso cui devono necessariamente convergere le palle da biliardo. Ma questa breve discussione sulle biglie legate da un elastico (e sulla azione contrastante della forza di attrazione da un lato, e della tendenza al disordine dall'altro) prendiamola per il momento come una anticipazione qualitativa di un ragionamento che faremo piú avanti in maniera piú completa e rigorosa.

3. L'espansione libera di un gas e l'entropia. Discuteremo ora un esempio classico. Quando i concetti che stiamo qui presentando sono stati sviluppati per la prima volta, scienziati illustri come Maxwell, Clausius e molti altri sono partiti proprio da questo esempio, che è servito loro per comprendere fenomeni che erano allora essenzialmente nuovi.

Immaginiamo di avere due recipienti, ad esempio di vetro, collegati fra di loro da un tubo sul quale sia disposto un rubinetto a tenuta. Usando una pompa possiamo vuotare questi due recipienti dell'aria in essi contenuta. Ora, mantenendo il rubinetto chiuso riempiamo uno dei due recipienti con un gas rarefatto, ad esempio con elio, lasciando l'altro recipiente vuoto.

Un gas è costituito da un grandissimo numero di molecole. Se prendiamo anche un solo grammo di elio, il numero di molecole in esso contenuto è rappresentato all'incirca da un uno seguíto da ventitre zeri; un numero che si scrive come 10^{23}. Alla pressione atmosferica, se il volume del recipiente è di cinque litri esso contiene per l'appunto circa un grammo di elio.

Se ora apriamo il rubinetto che collega i due recipienti, osserveremo che il gas va a disporsi uniformemente nei due recipienti, riempiendoli in ugual misura. Viceversa, se inizialmente i due recipienti contenevano entrambi del gas, aprendo

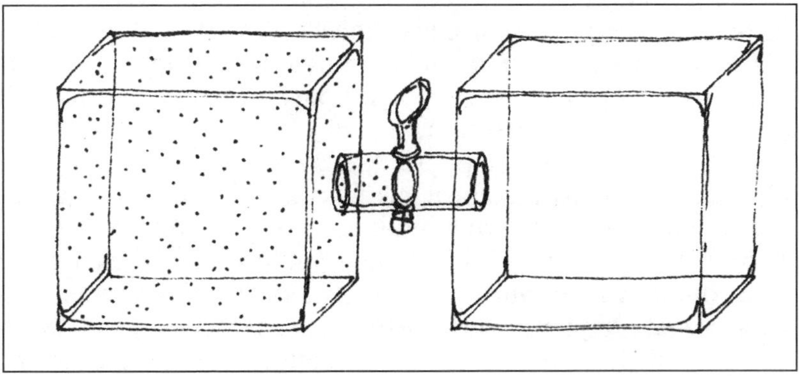

Il gas occupa inizialmente uno solo dei due recipienti, l'altro è vuoto.
Il rubinetto è chiuso.

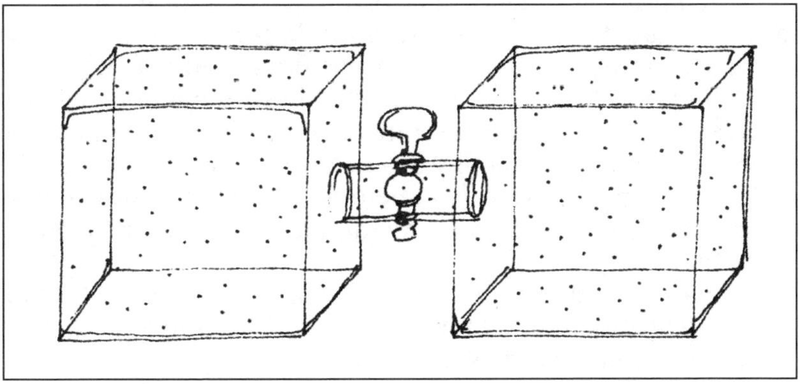

Aprendo il rubinetto il gas si distribuisce uniformemente nei due recipienti. Ma non è possibile il processo inverso. Spontaneamente, il gas non si confinerà in uno solo dei due recipienti.

Il diavoletto di Maxwell.
Solo un diavoletto, che potesse agire su ognuna delle molecole acchiappandole al volo, potrebbe operare il miracolo di confinare le molecole in un recipiente solo: lasciando passare attraverso il rubinetto solo le molecole che vanno in una delle due direzioni.

il rubinetto non capiterà mai che l'elio vada spontaneamente tutto in un recipiente solo, lasciando l'altro vuoto. Se ci chiediamo il perché, non è difficile immaginare, dopo gli esempi che abbiamo visto nel precedente paragrafo, che si tratti di una questione di probabilità.

Chiamiamo i due recipienti A e B rispettivamente. Immaginiamo per un attimo che il gas sia costituito da due sole molecole. Nel caso che le due molecole siano ugualmente distribuite nei due recipienti, la prima può stare nel recipiente A e la seconda in B, oppure viceversa; mentre affinché siano entrambe nel recipiente A, la prima deve esservi e anche la seconda non può che essere in A. Dunque due possibilità ad una in favore del caso che le molecole siano ugualmente distribuite nei due recipienti.

Se le molecole fossero quattro, esse possono disporsi due di qua e due di là nei seguenti modi: la prima e la seconda in A, le altre in B; oppure la prima e la terza in A; o la prima e la quarta in A; o la seconda e la terza; o la seconda e la quarta; o la terza e la quarta. Mentre tutte in A si può avere in un modo solo. Dunque sei possibilità a uno a favore della situazione in cui si trovino metà di qua e metà di là (questa situazione, in cui si trovano metà di qua e metà di là, la chiameremo 'equidistribuzione').

In maniera del tutto analoga possono essere calcolati i rapporti di probabilità a favore della equidistribuzione per un numero di molecole via via piú grande.

Numero di molecole	**Rapporto di probabilità a favore della equidistribuzione**
2	2 a 1
4	6 a 1
6	20 a 1
8	70 a 1
10	250 a 1
12	920 a 1
14	3.500 a 1
16	13.000 a 1

Come si vede dalla tabella, il rapporto di probabilità aumenta molto rapidamente all'aumentare del numero di molecole. Se il numero di molecole è cosí grande quante sono le molecole contenute, ad esempio, in un grammo di elio, il rapporto di probabilità diviene cosí elevato che il caso in cui le molecole si trovino tutte da una parte diviene praticamente impossibile.

Come misura del disordine di una determinata configurazione (quella, ad esempio, con metà molecole di qua e metà di là) potremmo pensare di prendere proprio il numero W di modi in cui quella certa configurazione può essere realizzata. Questo numero W viene tuttavia cosí enorme, che è addirittura difficile da scrivere. Allora, si preferisce scrivere W nella forma di potenza, e si prende come misura del disordine l'esponente di questa potenza. Facciamo qualche esempio, presentandolo nella forma di tabellina:

W (numero di modi in cui la configurazione può essere realizzata)	W (scritto nella forma di potenza)	Misura del disordine (rappresentata dall'esponente di W)
100	10^2	2
1.000	10^3	3
10.000	10^4	4
1.000.000	10^6	6
1.000.000.000	10^9	9

Questa misura del disordine è in sostanza quella che in fisica si chiama 'entropia'. Una configurazione di un determinato sistema formato da molti elementi (ad esempio di un gas) ha entropia elevata quando può essere realizzata in molti modi diversi, cioè quando la configurazione è molto probabile; essa ha entropia piú bassa quando è meno probabile.

Considerato il significato dell'entropia (cioè tenuto conto che essa misura il disordine o, se preferite, la probabilità di una certa situazione) risulta ora assai ragionevole aspettarsi che valga il seguente principio o legge: *Un sistema formato da un numero molto grande di componenti, tende a evolvere spontaneamente verso le situazioni di massima entropia.*

Ecco spiegate, in maniera molto semplice e plausibile, le leggi empiriche che avevamo visto valere negli esempi presentati nel paragrafo 1 di questo capitolo. Ma su questi concetti torneremo ancora piú avanti.

4. Sistemi termodinamici, variabili di stato, entropia. Il gas contenuto nei due recipienti, di cui abbiamo parlato nel precedente paragrafo, è un sistema costituito da un numero grandissimo di componenti, che sono le sue molecole. Tante sono le molecole di un gas (anche di una sua quantità molto piccola, ad esempio una frazione di grammo) che non è pensabile descrivere il sistema descrivendo la posizione e il movimento di ciascuno dei suoi componenti, di ciascuna delle sue molecole. Ci si accontenta di descrivere una determinata configurazione, in cui il gas venga a trovarsi, attraverso delle caratteristiche globali, di insieme: d'altra parte, questo tipo di descrizione è l'unico che serva nella pratica.

Si dice ad esempio che il gas riempie uniformemente, con le sue molecole, un recipiente che ha un certo volume. Nel paragrafo precedente dicevamo «il gas sta in un solo recipiente», oppure «esso è ugualmente distribuito nei due recipienti»: non ci chiedevamo dove si trovasse ciascuna delle sue molecole all'interno dei vari recipienti.

La descrizione di insieme di un sistema termodinamico si chiama anche descrizione macroscopica; mentre se cerchiamo di capire come si comportano le molecole dello stesso sistema abbiamo una descrizione microscopica.

Il volume occupato dal gas è dunque una delle sue caratteristiche di insieme che ci interessa. Certo il solo volume non basta a descrivere una configurazione del gas, nemmeno nel suo insieme: in effetti introdurremo fra poco anche altre proprietà complessive del gas, come la sua pressione e la sua temperatura.

Quanto fin qui detto è sufficiente ad introdurre una serie di concetti utili e interessanti. Mentre introduciamo questi concetti, nel seguito daremo anche delle definizioni: cioè introdurremo i nomi che si usano normalmente per specificare tali concetti o proprietà utili.

Un sistema costituito da un numero grandissimo di componenti, il quale nel suo comportamento complessivo possa essere descritto da un numero ridotto di caratteristiche di insieme (come ad esempio volume, pressione, temperatura), lo si chiama 'sistema termodinamico'. Le caratteristiche complessive che descrivono il sistema termodinamico nel suo insieme (come il volume, la pressione, la temperatura) si chiamano 'parametri' o 'variabili di stato' di quel sistema termo-

Un gas esercita una forza sulle pareti del recipiente. Questa forza può sostenere, ad esempio, un peso appoggiato sul pistone.
La forza per unità di superficie si chiama pressione.

Se il volume del gas viene dimezzato, la sua pressione raddoppia.

Se il gas viene riscaldato, la sua pressione aumenta. A parità di volume, l'aumento di pressione è proporzionale all'aumento di temperatura.

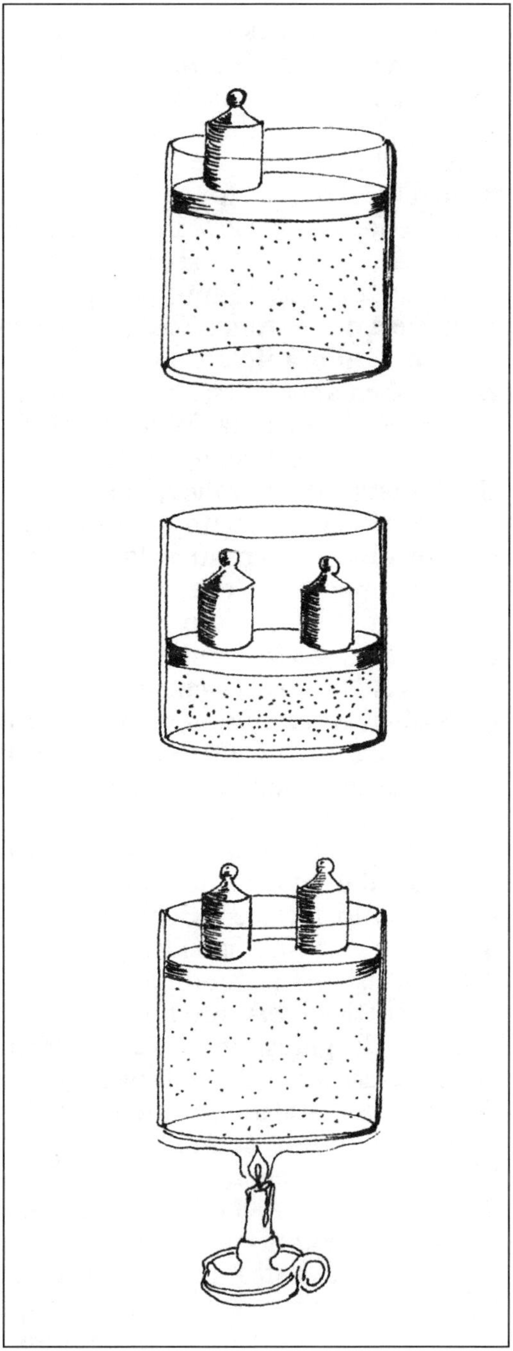

dinamico. Fra questi parametri di stato, il volume non ha bisogno di ulteriori chiarimenti; ma è bene che diciamo che cosa si intende per pressione e temperatura.

Un gas contenuto in un recipiente esercita una forza sulle pareti del recipiente stesso. Ad esempio, se mettiamo un gas dentro un cilindro chiuso da un pistone, troveremo che il pistone tende a sollevarsi in virtú di questa forza esercitata dal gas; e tale forza può cosí essere misurata. Si trova che la forza esercitata dal gas è tanto piú grande quanto piú grande è la superficie del pistone. Se il pistone ha una superficie di area pari ad 1, allora il valore della forza che il gas esercita su di esso lo si chiama 'pressione'. Si può anche dire che la pressione non è altro che la forza che il gas esercita sulla unità di superficie del recipiente che lo contiene. Si trova che la pressione è tanto piú grande quanto piú piccolo è il volume entro cui il gas viene costretto (quanto piú il gas viene compresso), ma non dipende in pratica dalla forma del recipiente.

La temperatura, che si misura col termometro, è invece quella variabile di stato che ci indica in termini quantitativi quanto quel gas (o piú in generale quel sistema termodinamico) sia caldo. Si trova che il gas contenuto in un recipiente rigido (il cui volume non cambia) ha una pressione tanto piú grande quanto piú alta è la sua temperatura. Mentre se il recipiente si può espandere, si trova che all'aumentare della temperatura aumenta il volume.

Se un sistema termodinamico non viene in nessun modo disturbato dall'esterno (se non cerchiamo di riscaldarlo o di raffreddarlo, né esercitiamo forze su di esso, ecc.) allora si dice che il sistema è 'isolato'.

Se un sistema termodinamico viene lasciato isolato per un tempo sufficientemente lungo, allora esso raggiunge una situazione di aggiustamento al suo interno: questa situazione si chiama uno 'stato di equilibrio' (a volte si dice anche semplicemente uno stato). In queste condizioni, si riscontra che i parametri di stato hanno lo stesso valore in ogni posizione all'interno del sistema, e questo valore non cambia col passare del tempo (fino a che il sistema resta isolato): il volume del recipiente che contiene il gas è tutto uniformemente riempito, la pressione è la stessa ovunque la si misuri all'interno del recipiente, e lo stesso accade per la temperatura.

È evidente che gli stati di equilibrio rappresentano, per il

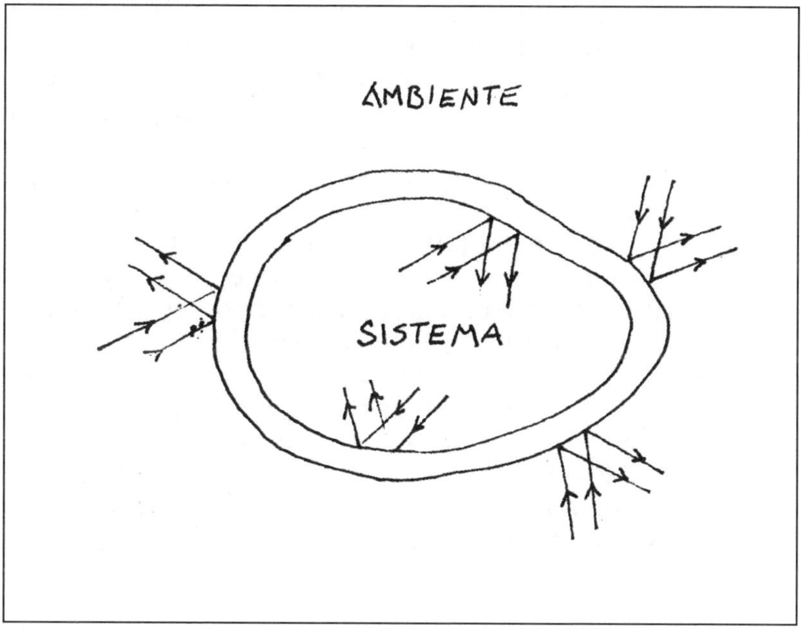

Un sistema isolato non scambia né energia né materia con l'ambiente.

sistema termodinamico, configurazioni particolarmente semplici: è facile descriverli, perché i parametri di stato hanno un valore ben definito che rappresenta la situazione del sistema in ogni suo punto; ed è inoltre facile capire come si comportano, negli stati di equilibrio, i costituenti semplici (le molecole) che compongono il sistema.

Quando il sistema cambia stato, si dice che esso subisce una trasformazione. Finora, ci siamo sempre occupati di trasformazioni spontanee: con l'aggettivo *spontaneo* (o con l'avverbio *spontaneamente*) intendevamo che durante la trasformazione il sistema restava isolato.

Le trasformazioni piú semplici da studiare sono quelle che fanno passare il sistema termodinamico da uno stato di equilibrio ad un altro stato di equilibrio. Quel capitolo della fisica che studia queste trasformazioni (disinteressandosi di descrivere il sistema durante la trasformazione, ma descrivendo solo lo stato di partenza e quello di arrivo) si chiama 'termodinamica dei sistemi in equilibrio'.

Raramente, nella pratica, abbiamo a che fare con sistemi

che passano da uno stato di equilibrio ad un altro stato di equilibrio; tuttavia molto spesso i sistemi si comportano all'incirca in tal modo, e allora la termodinamica dei sistemi in equilibrio dà una visione che, per quanto semplificata, rappresenta con sufficiente approssimazione i fenomeni che avvengono nella realtà. In altri casi, il sistema che si considera non raggiunge mai degli stati di equilibrio, ed anzi ne è sempre cosí lontano che la termodinamica dei sistemi in equilibrio non fornisce per essi una descrizione realistica. Uno di questi sistemi, come vedremo, è l'universo nel suo insieme. Per descrivere tali sistemi, o almeno alcuni comportamenti di tali sistemi, è necessario ricorrere a considerazioni piú complesse di quelle contenute nella termodinamica dei sistemi in equilibrio. Nel corso di tutto questo capitolo, tuttavia, ci occuperemo di trasformazioni che portano un certo sistema da uno stato di equilibrio ad un altro stato di equilibrio: e dunque useremo i concetti della termodinamica dei sistemi in equilibrio.

Nel primo capitolo abbiamo descritto molte possibili trasformazioni e abbiamo visto che l'esperienza ci dice che alcune trasformazioni avvengono in natura ed altre no; ora vogliamo capirne il perché.

Per ora, siamo in grado di capire una cosa: cioè che i sistemi termodinamici tendono sempre ad andare spontaneamente verso le configurazioni (o stati) di massimo disordine (cioè di massima entropia): e ciò perché gli stati di massima entropia sono quelli piú probabili. Cosí come l'abbiamo definita, l'entropia rappresenta evidentemente una caratteristica di insieme del sistema. Per ogni stato di equilibrio del sistema, l'entropia avrà un valore ben definito, che misura la probabilità che tale stato si presenti: essa è pertanto quello che abbiamo chiamato un parametro di stato. Dunque, i sistemi termodinamici tendono sempre ad evolvere spontaneamente verso gli stati per cui il parametro di stato entropia è massimo.

Se vogliamo capire ora quali trasformazioni sono possibili e quali no, dobbiamo cercare di trovare quale relazione ci sia fra l'entropia ed altre grandezze — con cui siamo piú familiari — che descrivono gli stati, o provocano le trasformazioni: ad esempio la temperatura, il calore, l'energia meccanica, e cosí via. È quello che cercheremo di fare nei paragrafi che seguono. Come sistema termodinamico, continueremo per il momento a prendere in considerazione un gas rarefatto. Un 'gas rarefatto' è infatti il piú semplice fra i sistemi termodinamici. Le molecole di un gas sono mediamente molto distanti una dall'altra. Ognuna di esse si muove casualmente per conto proprio, e non disturba il movimento delle altre se non nel momento in cui per caso urti un'altra molecola: esattamente come le palle da biliardo su un tavolo in cui si svolga una partita di quelle che abbiamo detto «alla americana».

Un gas rarefatto isolato (cioè non sottoposto a forze dall'esterno, né sollecitato dall'esterno in alcun altro modo) può possedere una sola forma di energia: cioè l'energia di movimento delle sue molecole. Le sue molecole, non essendo sottoposte ad alcuna forza, non hanno infatti energia di posizione. L'energia complessivamente posseduta da un gas rarefatto è data dalla somma dell'energia di movimento posseduta da ognuna delle sue molecole. Per questo capire il comportamento di un gas rarefatto (detto anche 'gas perfetto'), sarà, come vedremo, particolarmente semplice. Eppure, le considerazioni che faremo sui gas perfetti ci aiuteranno a capire molti fenomeni di fondamentale importanza.

5. Alcuni approfondimenti sul significato della temperatura e di altre grandezze utili. Consideriamo un gas perfetto contenuto in un recipiente di volume fissato e che si trovi in uno stato di equilibrio. Questo stato nel suo insieme sarà rappresentato dai parametri di stato, volume, temperatura e pressione che ne forniscono la descrizione che abbiamo chiamato macroscopica.

Dal punto di vista microscopico, dobbiamo immaginare che dentro il recipiente ci sono una miriade di molecole, che si muovono a velocità molto grande (dell'ordine delle migliaia di chilometri all'ora), urtano contro le pareti del recipiente, e quando capita si scontrano anche fra di loro.

La pressione esercitata dal gas sulle pareti del recipiente è proprio una conseguenza del fatto che le molecole urtano continuamente contro le pareti. Se ad esempio mandiamo contro una parete un getto d'acqua, la parete subisce una forza e, se potesse, tenderebbe ad arretrare a causa di questa spinta. Se si misura questa forza, si trova che essa aumenta in proporzione all'energia di movimento posseduta dal getto d'acqua. Bene, lo stesso accade alle pareti del recipiente. Esse

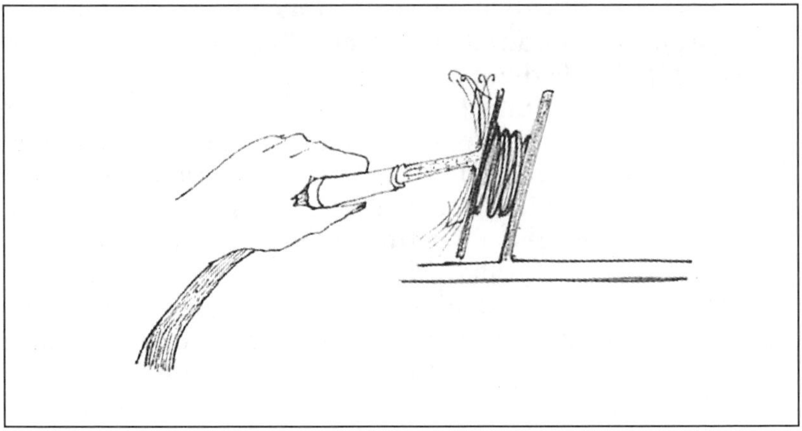

Un getto d'acqua colpendo una parete esercita su di essa una forza.

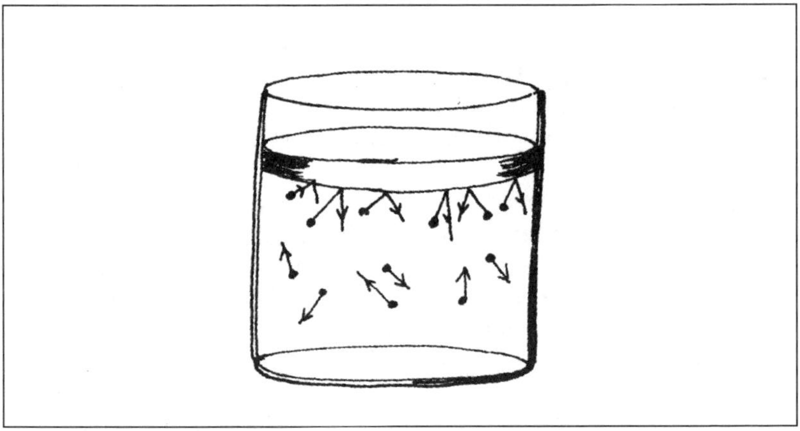

Il meccanismo con cui il gas esercita la pressione è analogo a quello del getto d'acqua contro la parete. La pressione è infatti dovuta agli urti che le molecole del gas compiono contro le pareti del recipiente.

sono continuamente urtate dalle molecole del gas, e ne risulta una pressione che deve aumentare in proporzione all'energia di movimento posseduta dalle molecole.

Fino a che il sistema resta isolato, le proprietà del gas non cambiano. Dal punto di vista macroscopico, non cambiano i parametri di stato. Dal punto di vista microscopico, non cambia l'energia di movimento media delle molecole. Certo, la velocità di ognuna di esse cambierà in conseguenza degli urti; ma tanto guadagna una, tanto ci rimette l'altra, cosicché, in un urto, l'energia di movimento media resta la stessa.

Ora facciamo compiere al gas una trasformazione. Ad esempio, gli comunichiamo una certa quantità di energia termica, senza però che cambi il volume del recipiente che contiene il gas. Per conseguenza, il gas passa in uno stato di equilibrio diverso. Dal punto di vista delle proprietà di insieme (cioè dal punto di vista macroscopico), si riscontra che nel nuovo stato sia la pressione che la temperatura sono aumentate. Piú precisamente, si trova che questi due parametri di stato (se il volume non cambia) aumentano proporzionalmente alla quantità di energia termica che è stata comunicata al gas. Poiché l'energia si conserva, tutta l'energia termica che è stata comunicata al gas la dobbiamo ritrovare all'interno del gas. Ma come abbiamo visto, l'unico modo in cui il gas può possedere energia, è nella forma di energia di movimento (un movimento casuale e disordinato) posseduta dalle sue molecole. Dunque l'energia di movimento media delle molecole deve aumentare proporzionalmente all'energia termica che viene comunicata al gas.

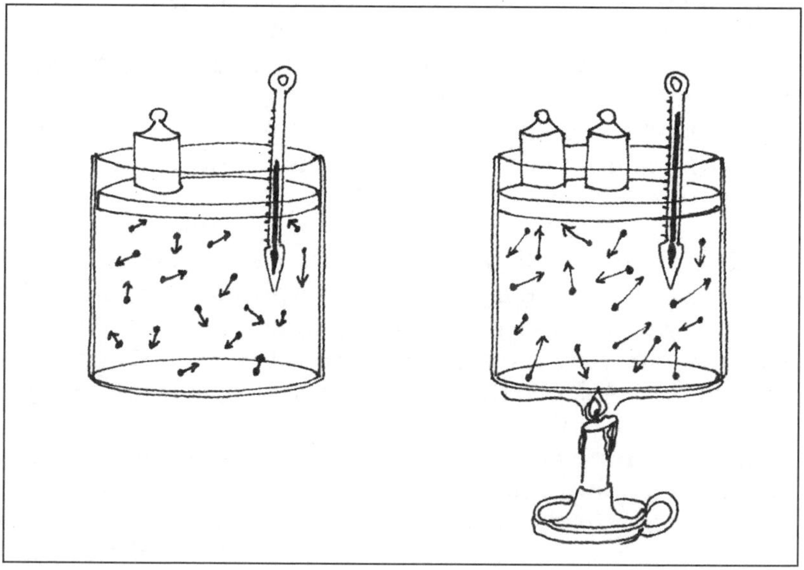

Gas piú freddo (a sinistra): le molecole si muovono piú lentamente.
Gas piú caldo (a destra): le molecole si muovono piú velocemente, e quindi esercitano anche una pressione maggiore.

In conseguenza dunque della trasformazione, accadono i seguenti fatti: dal punto di vista microscopico aumenta (proporzionalmente all'energia termica che il gas riceve) la energia di movimento media delle molecole; dal punto di vista macroscopico aumentano (sempre proporzionalmente alla energia termica ricevuta) la pressione e la temperatura del gas.

Pressione e temperatura devono dunque essere la manifestazione macroscopica dell'energia di movimento media delle molecole del gas perfetto. E cosí è in effetti: oltre che dalle misure, questa conclusione può essere ricavata anche da ragionamenti non difficili di carattere teorico, che comunque qui non presentiamo.

Se anziché un gas rarefatto noi consideriamo un sistema diverso, ad esempio un solido, allora le molecole si attraggono l'una all'altra; e il sistema tende a rimanere confinato anche senza pareti, a dispetto del moto disordinato con cui ogni molecola si muove intorno alla sua posizione. La pressione diviene allora un parametro di stato meno utile che non nel caso del gas. Ma resta comunque vero che la temperatura fornisce una misura macroscopica dell'energia cinetica media delle molecole che costituiscono il sistema.

Dire quindi che un corpo è piú o meno caldo (dire che la sua temperatura è piú o meno alta) è come dire che le sue molecole hanno una energia media di movimento piú o meno elevata; quanto piú le molecole si agitano, tanto piú il corpo appare caldo, cioè la sua temperatura è elevata.

Una volta appurato ciò, diviene molto semplice capire il secondo principio della termodinamica: capire cioè perché l'energia termica tende a passare dai corpi caldi a quelli freddi ma non viceversa; e perché l'energia meccanica tende a trasformarsi in energia termica ma non viceversa. Nei prossimi paragrafi, ci occuperemo di dare una risposta a questi perché.

6. Il secondo principio della termodinamica e il disordine. Nel primo capitolo abbiamo visto che l'energia può assumere molte diverse forme; ma in ogni processo di trasformazione l'energia non può essere creata né distrutta. Abbiamo detto (vedi p. 14) che questa legge generale si chiama principio di conservazione dell'energia. Quando, fra le varie forme di energia coinvolte nel processo, vi sia anche energia termica (o

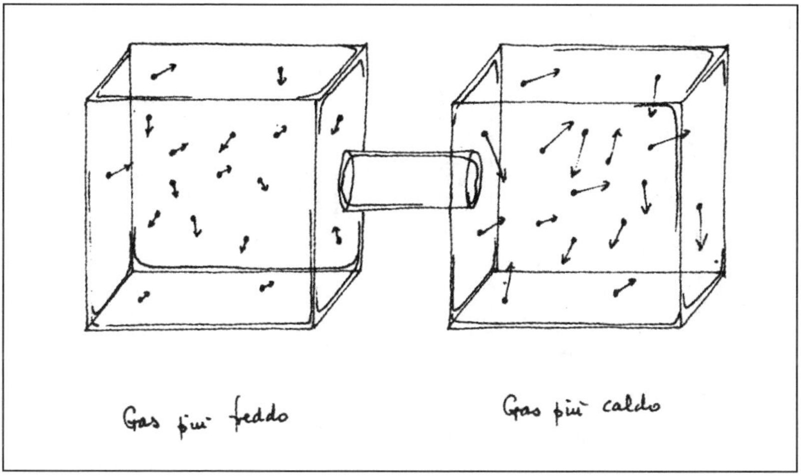

calore), il principio di conservazione dell'energia meccanica si chiama anche 'primo principio della termodinamica'.

Abbiamo anche visto che nei processi di trasformazione dell'energia esiste un verso privilegiato: l'energia termica tende a fluire spontaneamente dai corpi caldi a quelli freddi ma non viceversa; e l'energia nobile (ad esempio quella meccanica) tende a trasformarsi spontaneamente in energia termica ma non viceversa. Questa legge l'abbiamo chiamata secondo principio della termodinamica (vedi p. 20).

Ora, nei primi paragrafi di questo capitolo, abbiamo introdotto un'altra importante legge: quella secondo cui i sistemi termodinamici isolati tendono a raggiungere gli stati di equilibrio caratterizzati dal massimo disordine, cioè dal massimo valore del parametro di stato entropia. Non è stato difficile capire il perché di questa legge: gli stati piú disordinati, quelli che hanno 'massima entropia', sono infatti anche gli stati piú probabili.

Ora vedremo che questa legge (quella della massima entropia) e il secondo principio della termodinamica sono in realtà la stessa legge.

Consideriamo due sistemi termodinamici A e B, a temperature fra di loro diverse: uno (ad esempio A) piú caldo e uno (ad esempio B) piú freddo. Per semplicità, immaginiamo che i due sistemi siano costituiti da gas rarefatto contenuto in due diversi recipienti. Sappiamo che la temperatura rappresenta

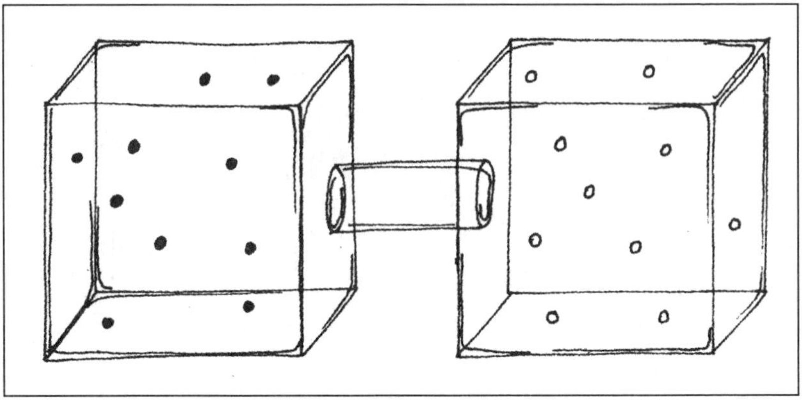

Separare in gruppi omogenei significa fare ordine.

in sostanza una misura dell'energia cinetica media delle molecole del gas. Dunque le molecole contenute nel recipiente A si muovono, in media, piú velocemente di quelle contenute nel recipiente B.

Mettiamo ora i due recipienti in contatto fra di loro: potremmo pensare di mettere in comunicazione con un tubo i due recipienti, ma basta metterli sufficientemente vicini perché le molecole dell'uno, urtando contro le molecole dell'altro, siano in grado di comunicare loro la propria energia di movimento. Si dice allora che i due recipienti sono stati posti in «contatto termico».

Se lasciamo trascorrere un po' di tempo, troveremo che il gas piú freddo si riscalda a spese di quello piú caldo fino a trovarsi alla stessa temperatura, intermedia rispetto a quella che ciascuno dei due aveva inizialmente. Quello piú caldo ha dunque comunicato parte della propria energia a quello freddo. Il secondo principio della termodinamica ci dice che non è possibile invece il processo opposto: se i due recipienti di gas hanno inizialmente la stessa temperatura, non è possibile che uno dei due comunichi energia all'altro, non è possibile cioè che uno si raffreddi spontaneamente per riscaldare l'altro. Perché?

La situazione iniziale, quella in cui il gas piú caldo è in un recipiente e quello piú freddo nell'altro, è una situazione caratterizzata da maggiore ordine rispetto alla situazione in cui nell'uno e nell'altro recipiente la temperatura del gas è la stes-

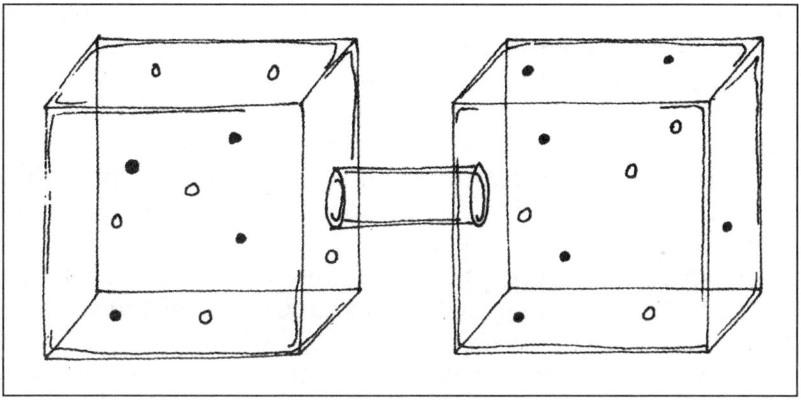

Mescolare significa fare disordine.

sa. Infatti, avere il gas caldo da una parte e quello freddo dall'altra equivale, dal punto di vista microscopico, ad avere da una parte le molecole mediamente piú veloci e dall'altra quelle mediamente piú lente. E scegliere gli oggetti mettendo insieme, nello stesso gruppo, quelli che hanno caratteristiche piú simili, equivale a introdurre una forma di ordine. Allo stesso modo, avendo un certo numero di palline rosse e un certo numero di palline blu, mettere ordine significa separare, da una parte le palline blu e dall'altra le palline rosse; mentre disordine significa mescolare tutto insieme.

Come ogni situazione caratterizzata da maggiore ordine, quella in cui il gas caldo sta da una parte e quello freddo dall'altra (molecole mediamente piú lente da una parte, molecole piú veloci dall'altra) è meno probabile della situazione in cui il gas nei due recipienti ha la stessa temperatura. Facciamo un esempio. Abbiamo due barattoli fra loro comunicanti. In uno mettiamo palline blu, e nell'altro palline rosse. Agitando il tutto, in modo che le palline possano passare casualmente da un barattolo all'altro e viceversa, è normale che dopo un po' troviamo sia di qua che di là palline blu e rosse mediamente in egual numero; ma partendo da una situazione in cui le palline sono mescolate (sia quelle rosse che quelle blu metà di qua e metà di là) sarebbe straordinario se agitando alla rinfusa trovassimo che alla fine quelle rosse stanno da una parte e quelle blu dall'altra.

Il calcolo esatto della probabilità di uno stato in relazione alla sua temperatura è stato effettuato da Ludwig Boltzmann (1844-1906). I metodi da lui per primo sviluppati (e successivamente estesi ad altri sistemi da molti altri scienziati, fra cui Enrico Fermi) rientrano in quel capitolo della fisica che si chiama 'meccanica statistica', e consentono di calcolare per i vari sistemi termodinamici quali sono gli stati piú probabili: questi stati sono quelli verso cui tendono spontaneamente, all'equilibrio, i vari sistemi.

Benché questi calcoli siano in generale abbastanza elaborati, molto spesso non è complicato capire, anche con ragionamenti semplici, quale sia il piú probabile fra due diversi stati: un esempio è quello che abbiamo visto or ora, relativo ai due recipienti contenenti gas a diverse temperature. Facciamo ora un secondo esempio, che pur essendo semplice e facile da capire è importante per le conseguenze cui ci porta.

Prendiamo ancora una volta un recipiente contenente del gas; come sappiamo, ogni molecola del sistema si muove in maniera disordinata, con una energia media di movimento che è tanto piú grande quanto piú elevata è la temperatura, cioè quanto piú caldo è il gas. Ora lanciamo questo recipiente contro un ostacolo, ad esempio contro un muro. Nel momento in cui lo lanciamo, noi comunichiamo al recipiente stesso, e al gas in esso contenuto, una certa energia di movimento, che si aggiunge a quella disordinata che le molecole del gas avevano. Mentre l'energia che le molecole hanno per il fatto che il gas è caldo è dovuta a un moto disordinato, quella che noi abbiamo comunicata al sistema lanciandolo è energia di movimento ordinato: tutte le molecole si muovono insieme, mediamente verso il muro contro cui abbiamo lanciato il recipiente.

Quando il recipiente urta contro il muro, le molecole di cui esso è costituito, e quelle del gas in esso contenute, urtano anch'esse, talune contro il muro stesso e talune fra di loro. Poiché non possono penetrare dentro il muro, il loro movimento ordinato viene arrestato: ognuna di esse rimbalza, in maniera piú o meno casuale, e il moto ordinato si trasforma in un moto disordinato. Il recipiente si ammacca e cade in terra non molto lontano dal muro. Ora non ha piú energia di movimento; ma si è scaldato, cioè la sua temperatura è aumentata. Le molecole del recipiente hanno infatti trasformato il loro moto ordinato (cui corrisponde energia di movimento comples-

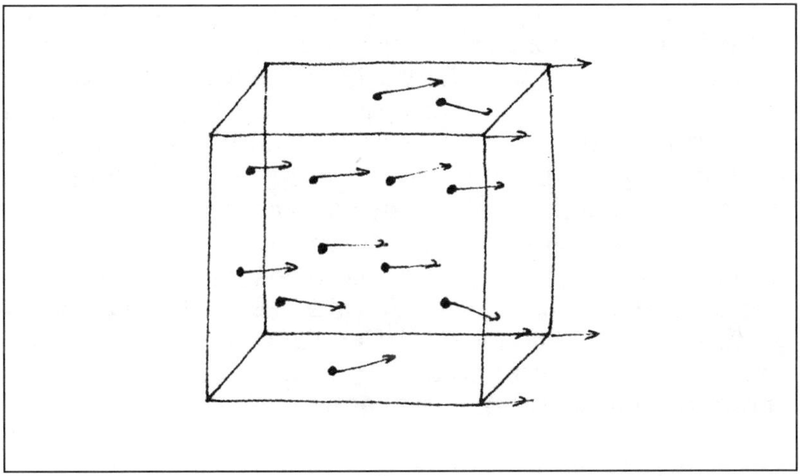

Energia di movimento: tutte le molecole sono dirette nella stessa direzione. Ordine.

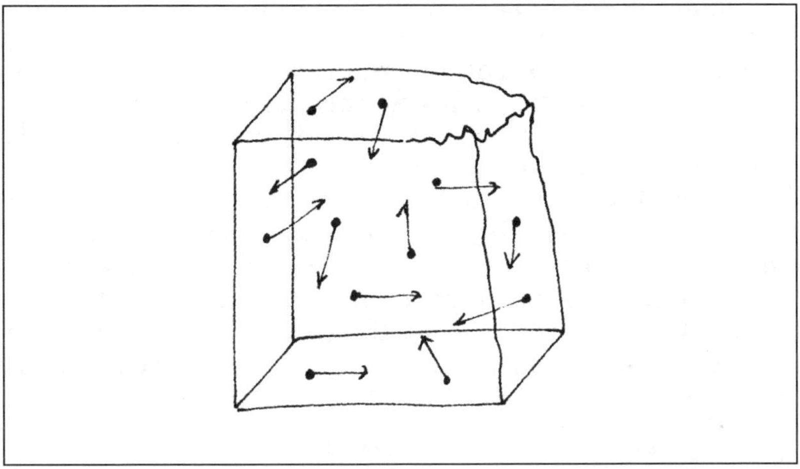

Energia termica: le molecole si muovono a caso nelle varie direzioni. Disordine.

sivo del sistema) in moto disordinato di ciascuna di esse (che si manifesta nella forma di energia termica).

Ora non è possibile che questo moto disordinato si trasformi spontaneamente in moto ordinato. Non è possibile che per caso tutte le molecole si trovino ad avere velocità orientata nella stessa direzione, come è necessario affinché l'energia termica divenga energia di movimento complessivo dell'oggetto. Ecco dunque che l'energia di movimento di un oggetto, che è moto ordinato di tutte le sue molecole, si trasforma spontaneamente in moto disordinato, che è energia termica; ma non viceversa. Lo stato verso cui tendono i sistemi termodinamici è quello piú probabile: e l'ordine che caratterizza il movimento quando tutte le molecole vanno immediatamente nella stessa direzione è straordinariamente meno probabile del moto disordinato che esse hanno quando il sistema, anziché muoversi, è semplicemente caldo. Ecco dunque cosa significa dire che l'energia si degrada: anch'essa tende a passare dalle forme caratterizzate da maggiore ordine verso quelle caratterizzate da disordine crescente.

7. Entropia, informazione, struttura. Per introdurre i concetti di disordine e probabilità in un sistema termodinamico siamo partiti, nel paragrafo 2 del II capitolo, dall'analisi di un mazzo di carte. Due campioni di un gas possono essere contrassegnati con la loro temperatura, cioè con l'energia media delle loro molecole; anche due molecole sono fra di loro distinguibili se hanno diversa energia. Ma un mazzo di carte è una sequenza di elementi ciascuno dei quali è caratterizzato da una figura, da un segno.

La teoria dell'informazione impiega proprio, per trasmettere i suoi messaggi, sequenze di elementi contraddistinti da segni. In un mazzo di carte ogni elemento è caratterizzato da un segno diverso: non esistono nello stesso mazzo due carte uguali. Ciò tuttavia non è di solito vero per le sequenze di elementi impiegati dalla teoria dell'informazione. Ad esempio il numero

87532894310

è una sequenza di segni (le dieci cifre arabe) non tutte necessariamente presenti in ogni numero, ed eventualmente ripetute una o piú volte. Nel numero sopra scritto, ad esempio, il 6 non compare, mentre il 3 e l'8 compaiono due volte. Una frase in alfabeto Morse è rappresentata da una sequenza ordinata di linee e di punti; mentre un numero (o una frase) nel linguaggio di un calcolatore elettronico è rappresentato da una sequenza ordinata di no e di sí (o se si preferisce di 0 e di 1) detti *bits*.

Secondo la teoria dell'informazione, la quantità di informazione trasportata da un messaggio rappresentato da una sequenza ordinata di segni è misurata dal numero di configurazioni diverse che quella sequenza può assumere. Ad esempio un numero di tre cifre arabe può assumere 1.000 diverse configurazioni o valori (da 000 a 999); un numero di quattro cifre, 10.000 valori.

Ma il numero di configurazioni che un sistema può assumere ne misura, come abbiamo visto, l'entropia, cioè il potenziale disordine.

Trasmettere informazione significa trasmettere ordine. Da quanto abbiamo appena visto risulta che un messaggio (cioè una sequenza di segni) trasmette tanta piú informazione (cioè tanto piú ordine) quanto maggiore è la sua entropia, cioè il suo potenziale disordine: una conclusione apparentemente contraddittoria.

La apparente contraddizione viene però risolta se si considera che l'utilità di un messaggio è subordinata alla condizione che chi lo riceve sia una entità logica, che ha concordato un codice interpretativo, un cifrario, con colui che trasmette il messaggio. Grazie a questo codice, ogni diversa configurazione della sequenza che rappresenta il messaggio viene ad assumere un significato diverso. L'ordine è dunque introdotto dall'esterno.

Facciamo un esempio. La combinazione di una cassaforte è tanto piú efficace quanto piú elevato è il numero di cifre che la compongono. Chi non conosce la combinazione segreta si trova di fronte a un grande disordine: volendo trovare, provando a caso, la combinazione giusta, dovrà provare e riprovare milioni o forse miliardi di sequenze diverse (a seconda di quale è il numero delle cifre che la compongono). La conoscenza della combinazione segreta è ciò che consente di mettere ordine in questo grandissimo numero di possibilità, cioè in questo disordine. Essa è tanto piú preziosa quanto piú elevato è il numero di combinazioni fra cui consente di scegliere; l'informazione che essa trasmette è tanto maggiore quanto maggiore è l'entropia, cioè il disordine, con cui deve scontrarsi chi tale combinazione non conosce.

Non è questo l'unico caso in cui si manifesti una apparente contraddizione fra probabilità e disordine.

Supponiamo che ci venga presentato un disegno come

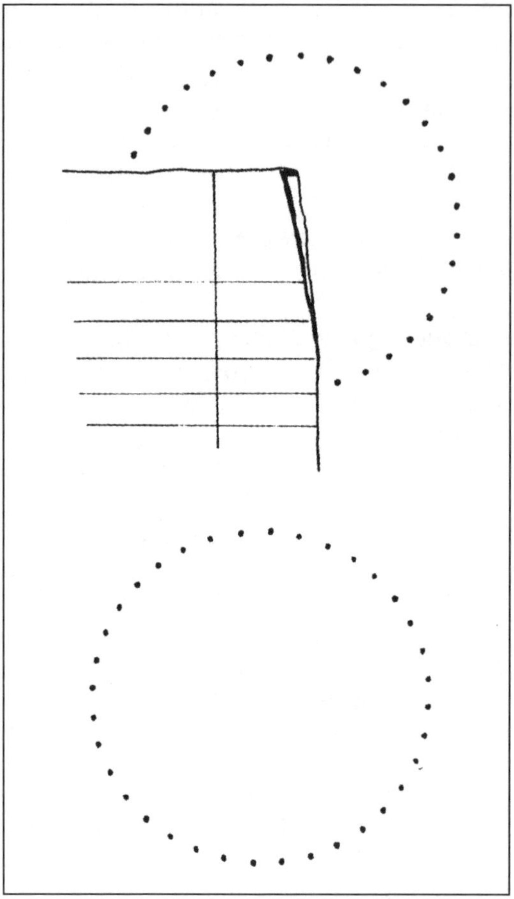

Figura parzialmente coperta da un foglio. Scoprendo la figura, la troviamo formata da punti disposti su una circonferenza.

quello rappresentato nella figura piú in alto; disegno parzialmente nascosto da un foglio. La parte visibile del disegno mostra 24 punti disposti regolarmente su un arco di circonferenza. Chi ci mostra il disegno ci dice anche che, nella parte nascosta, si trovano altri dodici punti; e ci chiede di indovinare come questi dodici punti siano disposti.

Chi voglia indovinare qualcosa, è bene che cerchi quella risposta che rappresenta la situazione piú probabile. Come abbiamo visto, la configurazione piú probabile è in generale quella piú disordinata: e dunque, coerentemente, dovremmo rispondere che i dodici punti sono sparsi a caso sulla parte nascosta del foglio.

Eppure, non ci sogneremmo mai di dare questa risposta. I dodici punti sono probabilmente disposti lungo il restante tratto di circonferenza e, scoprendo il foglio, troviamo che in effetti è cosí.

Perché dunque ci discostiamo dalla regola del massimo disordine, per indicare la configurazione piú probabile? Il fatto è che i 24 punti visibili mostrano una evidente regolarità, una organizzazione, una struttura. Diremo dunque: quei punti non sono disposti a caso. Quei punti sono stati disegnati da un essere intelligente, che aveva in mente qualcosa di preciso quando li ha disegnati. Ciò che cercheremo di indovinare è allora: qual è la piú probabile struttura regolare cui possono appartenere i punti visibili? E arriviamo allora, con elevata probabilità, alla risposta giusta.

La legge che lega fra di loro probabilità e disordine vale, nella sua forma piú semplice, solo per le disposizioni casuali; non vale quando il sistema presenti una sua struttura.

Ci dovremo dunque chiedere attraverso quali meccanismi in un sistema complesso possa generarsi una organizzazione, una struttura. Ciò può succedere solo quando il sistema non è isolato. Il modo piú semplice si presenta, come vedremo, quando gli elementi del sistema non isolato siano soggetti a forze. Ancor piú complessa può risultare la struttura quando a governarne la formazione sia un essere intelligente, o comunque un essere vivo.

Anzi, un essere vivo è caratterizzato non solo da una regolarità geometrica, da una struttura statica; ma anche da una regolarità di comportamento, una regolarità funzionale.

Quel poco che la scienza sa dirci fino ad oggi a proposito dei meccanismi di formazione spontanea di questi tipi di regolarità verrà discusso nell'ultimo capitolo.

8. Conclusioni. In questo capitolo abbiamo analizzato il comportamento dei sistemi termodinamici (di sistemi, cioè, costituiti da un numero molto grande di elementi), limitandoci al caso delle loro trasformazioni spontanee fra stati di equilibrio: quelle trasformazioni cioè che avvengono senza che il sistema ceda energia all'ambiente esterno, né riceva da esso energia.

Abbiamo visto che i sistemi tendono spontaneamente a raggiungere le situazioni di equilibrio caratterizzate dal massimo disordine, e ciò perché le situazioni piú disordinate sono anche le piú probabili. Come misura del disordine, cioè della probabilità di un certo stato, abbiamo introdotto l'entropia di quello stato. Se uno stato di equilibrio di un dato sistema termodinamico può essere fatto ad esempio in mille modi (cioè in 10^3 modi), l'entropia di quello stato è 3. (In realtà per motivi di comodità, l'entropia è di solito rappresentata non direttamente dall'esponente, ma da un numero ad esso proporzionale; ciò tuttavia non cambia minimamente la sostanza del nostro discorso). Dunque i sistemi isolati evolvono verso quegli stati di equilibrio cui corrisponde l'entropia piú elevata.

Se un sistema termodinamico è isolato, la sua energia non cambia: infatti l'energia si conserva, e dunque l'energia posseduta dal sistema può cambiare solo se esso riceve o cede energia dall'esterno (cioè se il sistema non è isolato). L'entropia invece, in un sistema isolato, tende ad aumentare. Dunque l'entropia non si conserva.

Se un sistema termodinamico è costituito da due pezzi (subsistemi), abbiamo visto che l'entropia è maggiore quando i due pezzi hanno la stessa temperatura che non quando la temperatura dei due subsistemi è diversa. Se partiamo dunque dalla situazione in cui la temperatura dei due pezzi è diversa, e li mettiamo a contatto, essi tendono a raggiungere la situazione di equilibrio in cui la temperatura di entrambi è uguale: è questa infatti la situazione di massima entropia. Non è possibile viceversa che il calore fluisca spontaneamente da un corpo freddo a uno caldo, perché ciò porterebbe verso uno stato di entropia piú piccolo, cioè verso uno stato meno probabile.

Allo stesso modo, se un oggetto possiede energia di movimento (moto ordinato delle sue molecole), questo moto ordinato tende a trasformarsi (in conseguenza di qualsivoglia perturbazione) in moto disordinato: nel secondo caso infatti la configurazione dei costituenti microscopici del sistema è piú disordinata, e dunque piú probabile. Cosí facendo, il corpo si ferma; e, contemporaneamente, si riscalda. Non è invece possibile il processo inverso: il calore non si trasforma spontaneamente in energia di movimento.

Dunque il secondo principio della termodinamica, secondo cui l'energia tende spontaneamente sempre a degradarsi

Perché il termine *entropia*?

Il termine entropia fu usato per la prima volta dal fisico tedesco Rudolf Julius Emanuel Clausius (1822-1888) con la seguente motivazione:
«[...] poiché sono dell'opinione che i nomi di quantità di questo tipo - che sono cosí importanti per la scienza - debbano essere ricavati dai linguaggi antichi al fine di introdurli senza modificazioni nei linguaggi moderni, propongo [...] il nome di *entropia* [...], partendo dalla parola greca *e tropé* che significa trasformazione. Intenzionalmente ho formato il termine *entropia* in modo tale da renderlo il piú simile possibile al termine *energia*: infatti entrambe queste quantità [...] sono cosí strettamente connesse l'una all'altra dal punto di vista del significato fisico che mi pare utile una certa analogia anche nei loro nomi».
(Da *Lezioni di fisica*, di Carlo Bernardini e Silvia Tamburini, Roma, Editori Riuniti, 1981).

ha una interpretazione semplice: i sistemi complessi tendono a evolvere spontaneamente, in virtú del caso, verso le configurazioni piú probabili.

Abbiamo anche accennato che quando un sistema scambia energia con l'ambiente circostante può succedere che la sua configurazione piú probabile non sia quella piú disordinata. Ma questi sistemi non sono sistemi isolati. Su di essi ci soffermeremo piú avanti, nel corso del III e del IV capitolo. Vedremo che quando un sistema diviene piú ordinato, ciò succede perché esso riversa il suo disordine altrove: il disordine complessivo aumenta però sempre.

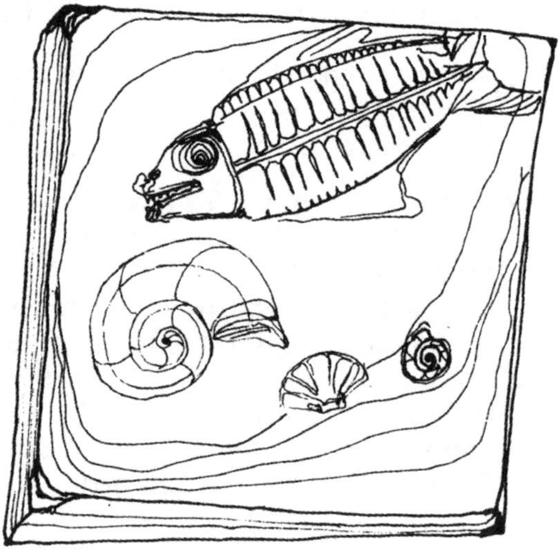

III. EVOLUZIONE DEI SISTEMI COMPLESSI NON ISOLATI

Sistemi che scambiano calore con l'ambiente - Sistemi che ricevono energia nobile dall'ambiente - Termodinamica dei motori termici - Ordine e disordine nei sistemi non isolati - Il motore dei cicli atmosferici naturali - Il motore del ciclo della vita - La vita dell'universo - Conclusioni

1. Sistemi che scambiano calore con l'ambiente. Abbiamo visto, nel precedente capitolo, che i sistemi termodinamici isolati tendono a raggiungere sempre la situazione di massimo disordine. Ma assai raramente, in natura, abbiamo a che fare con sistemi isolati; ciò che accade di solito è che i sistemi, specie durante le loro trasformazioni, ricevono dall'ambiente esterno energia, ovvero cedono ad esso energia. L'energia scambiata dal sistema può avere forme diverse: può essere energia termica, che si trasmette in virtú delle differenze di temperatura; o energia nobile; oppure energia luminosa.

Cerchiamo dunque di capire cosa succede all'entropia, cioè al disordine, in questi casi. Ancora, considereremo sistemi che passano da una situazione di equilibrio (da uno stato) a un'altra situazione di equilibrio. Il sistema scambia energia con l'esterno (con l'ambiente), e quindi non è isolato; tuttavia limitiamoci per ora ai casi in cui esso non scambia materia con l'ambiente. In questi casi si parla di 'sistema chiuso'. Ad esempio, il nostro pianeta, la Terra, non è un sistema isolato: esso riceve energia dal Sole, e dissipa energia verso lo spazio freddo, come vedremo piú avanti. Tuttavia, se si esclude il trascurabile fenomeno dei meteoriti e delle polveri cosmiche (ed anche l'arrivo dei cosiddetti «raggi cosmici», particelle di grande energia che attraversano lo spazio cosmico che separa le stelle), la Terra è un sistema chiuso. Ma noi qui, per il mo-

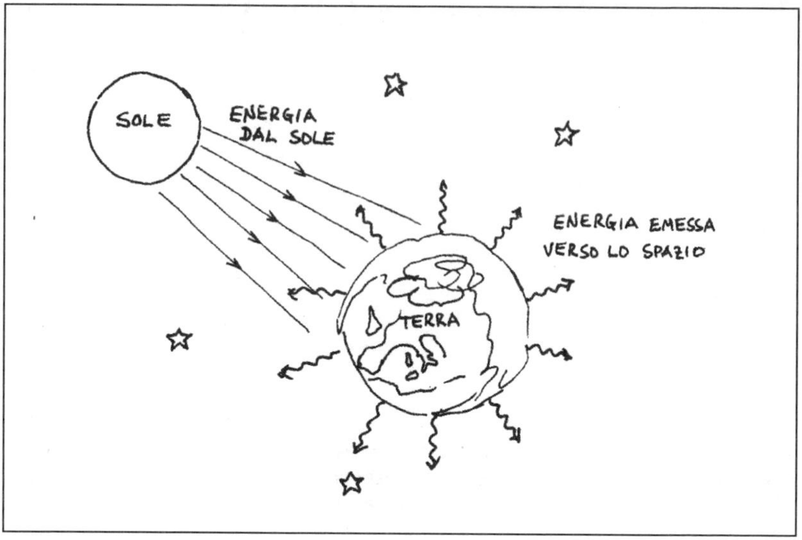

La Terra non è un sistema isolato: riceve energia dal Sole ed emette energia verso lo spazio. Tuttavia essa è praticamente un sistema chiuso.

mento, limitiamoci a considerare un sistema piú semplice, ad esempio il solito recipiente rigido contenente gas perfetto; e trattiamo per ora il caso in cui esso scambi con l'ambiente solo energia termica.

Se il nostro sistema riceve energia termica (cosa che accade quando l'ambiente con cui il sistema comunica è piú caldo del sistema stesso), vediamo che la sua temperatura aumenta; se il sistema cede energia termica all'ambiente (se l'ambiente è piú freddo), esso si raffredda.

Nel paragrafo 6 del II capitolo ho affermato che la meccanica statistica, sviluppata da Boltzmann, consente di calcolare la probabilità di uno stato (casualmente realizzato) in relazione alla sua temperatura e agli altri parametri di stato. Bene, secondo questa teoria, in qualsiasi condizione, quanto piú aumenta la temperatura di un sistema, rimanendo costanti gli altri parametri, tanto piú aumenta il disordine. Viceversa, quanto piú la temperatura diminuisce, tanto piú aumenta l'ordine. Difatti alla temperatura piú bassa fra quelle concettualmente realizzabili (lo 'zero assoluto', che corrisponde a circa 273 gradi sotto zero), tutte le molecole sarebbero prive di energia di movimento e l'ordine sarebbe perfetto.

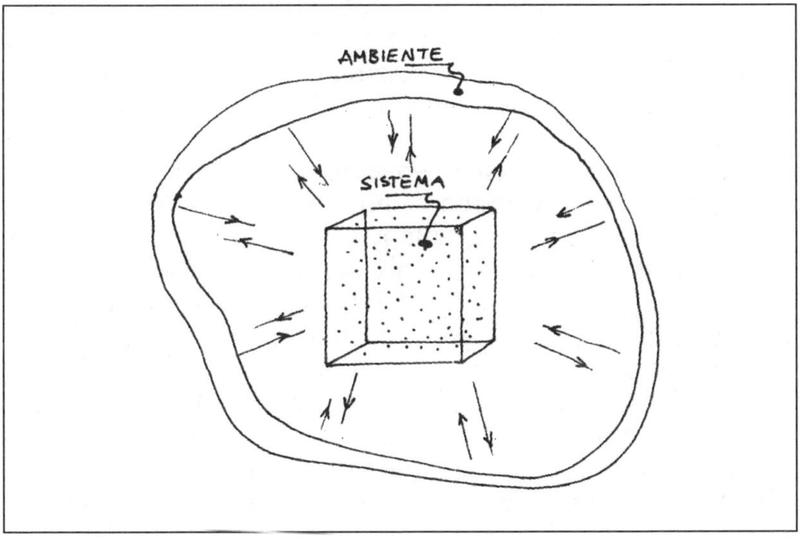

Il sistema considerato e l'ambiente con cui esso scambia energia rappresentano nel loro insieme un sistema isolato.

Perciò quanto piú calore comunichiamo al gas, tanto piú la sua temperatura aumenta, tanto piú aumenta il disordine e dunque l'entropia; quanto piú calore sottraiamo al gas, tanto piú la sua temperatura si abbassa, tanto piú aumenta l'ordine e diminuisce l'entropia.

Ora, per nostra comodità, consideriamo un sistema piú complesso, formato dal gas e dall'ambiente con cui il gas scambia calore. Nel suo insieme, questo sistema è un sistema isolato. Sappiamo allora (da quanto abbiamo visto nel paragrafo 6 del precedente capitolo) che inizialmente, quando il gas ha temperatura diversa dall'ambiente, l'entropia di questo sistema isolato è minore; alla fine, quando il gas ha la stessa temperatura dell'ambiente circostante, l'entropia complessiva (il disordine complessivo) è aumentata. Ma se il gas era inizialmente piú caldo, cioè si è raffreddato nella trasformazione, la sua entropia è diminuita: il suo ordine si è accresciuto a spese di un aumento di disordine dell'ambiente circostante. Se il gas era piú freddo, esso si riscalda nella trasformazione: il gas comunica ordine all'ambiente circostante, e ciò facendo esso stesso si disordina.

Dunque, quando abbiamo un sistema che scambia calore

con l'ambiente esterno, salvo restando che l'entropia complessiva (quella del sistema piú quella dell'ambiente) aumenta sempre durante la trasformazione, si ha però che una parte del sistema complessivo (quello piú freddo) comunica un po' del proprio ordine alla parte piú calda. Si raggiunge una situazione di mezzo, in cui in un certo senso l'ordine si è meglio distribuito: una situazione, comunque, che nel suo complesso è piú disordinata di quella iniziale, in cui da una parte si trovava la temperatura piú alta e dall'altra quella piú bassa.

Può capitare che il gas, anziché essere contenuto in un recipiente completamente rigido, si trovi dentro un contenitore il cui volume può cambiare. Immaginiamo ad esempio che esso si trovi dentro un cilindro verticale chiuso superiormente da un pistone; e che su questo pistone sia appoggiato un peso. Se ora comunichiamo calore al gas (appoggiando, ad esempio, il cilindro sopra una piastra poco piú calda del gas) troveremo che il gas si scalda molto poco, cioè la sua temperatura aumenta di molto poco. Esso assorbe sí calore dalla piastra, ma questo calore serve ora per fare aumentare il volume del gas: il pistone si alza, e cosí facendo solleva il peso comunicandogli una certa energia di posizione.

Va notato, intanto, che il sistema (il gas) non ha scambiato con l'ambiente solo calore: esso ha infatti ricevuto calore dalla piastra, ma ha anche fornito energia di posizione (energia nobile!) al peso. Facendo le cose con particolari accorgimenti (consistenti nel diminuire il peso sul pistone via via che esso si solleva), si può anzi fare in modo che l'energia nobile che il gas cede sia praticamente uguale all'energia termica che esso ha ricevuto. Che ne è allora della nostra regola generale secondo cui il disordine aumenta sempre? Il sistema ha infatti ricevuto energia termica (disordinata) e l'ha trasformata tutta in energia nobile ordinata. Tuttavia va notato che per fare ciò il volume del gas è aumentato: e abbiamo visto nel paragrafo 3 del II capitolo che a parità di temperatura il disordine (l'entropia) di un gas è tanto maggiore quanto piú grande è il suo volume. Dunque, passando attraverso il sistema, l'energia ha ricevuto ordine: lasciando tuttavia, in compenso, il sistema piú disordinato. Concettualmente, il meglio che può succedere è che questi due fenomeni (di aumento dell'ordine da una parte, e di disordine dall'altra parte) si compensino esattamente. Nella pratica, non tutto il calore ricevuto dal si-

Se si comunica calore Q a un gas, e se questo si può espandere, quel calore Q può venire trasformato in energia meccanica E.

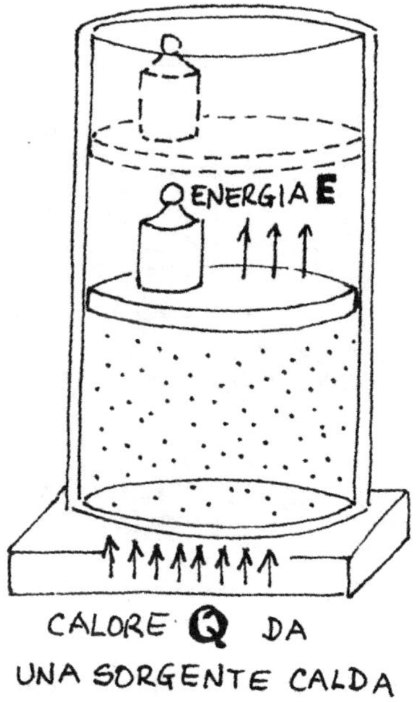

stema si trasforma in energia nobile. Una parte rimane o ridiventa energia termica: il disordine complessivo è ancora una volta aumentato, anche se una parte del sistema coinvolto nel fenomeno si è ordinata a spese di altre parti del sistema. E non di rado può capitare che quella parte piú ordinata possa avere notevole interesse dal punto di vista pratico.

Le considerazioni che ho fatto or ora sono state il punto di partenza per lo sviluppo dei motori termici, su cui torneremo fra poco nel paragrafo 3.

2. Sistemi che ricevono energia nobile dall'ambiente. Già nel precedente paragrafo abbiamo visto che un sistema termodinamico può scambiare energia nobile con l'ambiente. Esso può in effetti ricevere, o può cedere, energia di movimento, energia di posizione, o energia elettrica, o altre forme ancora di energia.

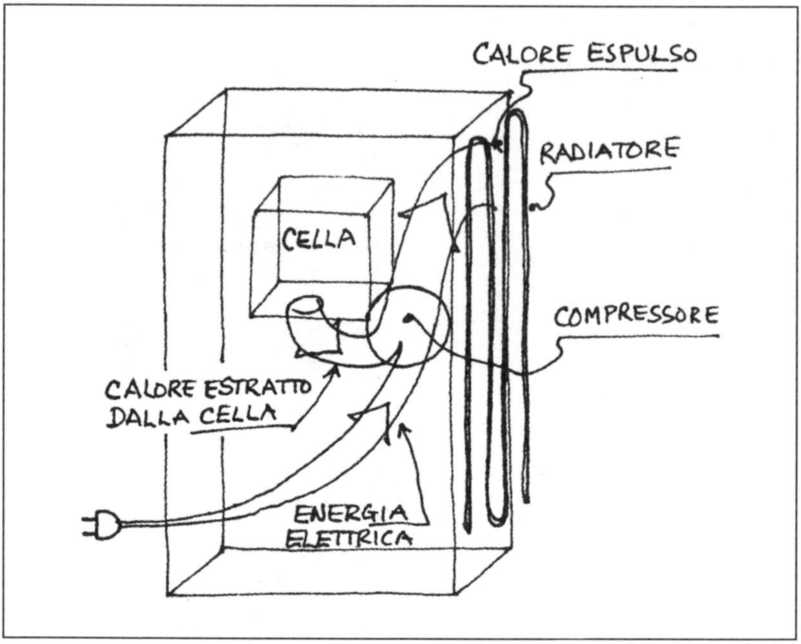

In un frigorifero, l'energia elettrica serve per pompare calore dalla cella frigorifera al radiatore posteriore.

Analizziamo con un po' piú di cura il caso in cui il sistema riceva energia nobile dall'ambiente. Un esempio lo avevamo già introdotto nel paragrafo 6 del II capitolo, quando abbiamo immaginato che a un recipiente pieno di gas venga comunicata energia di movimento, lanciandolo in qualche direzione. L'energia di movimento comunicata al sistema rimane in tale forma (nella forma di moto ordinato di insieme) solo per un po' di tempo; ma poi, a causa di effetti casuali, di fenomeni riconducibili tutti in sostanza a ciò che si chiama attrito, l'energia di movimento ordinato si va trasformando in moto disordinato. Il sistema si scalda: aumenta la sua entropia, il disordine complessivo suo proprio; ed esso comunica tale disordine anche all'ambiente che lo circonda.

Lo stesso accade, ad esempio, in uno scaldabagno elettrico. L'energia elettrica che passa nella resistenza produce in quel caso direttamente un aumento di temperatura dell'acqua: contribuisce al moto disordinato delle sue molecole e dunque al disordine complessivo del sistema.

Ma supponiamo ora che l'energia elettrica venga impiegata per fare funzionare un frigorifero. Questa macchina estrae calore dalla cella frigorifera, e ne fa cosí diminuire la temperatura; e attraverso il radiatore posteriore caldo, riversa calore nell'ambiente esterno. La quantità di calore che viene riversata nell'ambiente esterno, è uguale alla quantità di calore estratta dalla cella piú l'energia elettrica assorbita: lo schema è quello che già avevamo visto nella figura di pagina 33. La cella si è quindi raffreddata, e in essa l'ordine è aumentato (l'entropia è diminuita); è aumentato però il disordine (l'entropia) nell'ambiente circostante il frigorifero. L'ordine in una parte del sistema rappresenta un obiettivo che può essere utile per molti motivi: ma ciò può essere ottenuto come al solito solo riversando il disordine da un'altra parte. Con un frigorifero perfetto, il disordine complessivo non aumenterebbe, ma sarebbe solo trasferito. In realtà, però, i frigoriferi reali (cosí come tutte le macchine reali) non sono perfetti, e durante il loro funzionamento producono un aumento complessivo del disordine: quello che essi riversano nell'ambiente circostante è notevolmente superiore a quello che è stato estratto dalla cella frigorifera.

3. Termodinamica dei motori termici. Un gas contenuto in un cilindro con pistone, quando riceve calore, può trasformare tale calore in energia nobile: lo abbiamo visto all'inizio di questo capitolo. Tuttavia, quando ha compiuto questa semplice operazione, il gas occupa tutto il volume del cilindro. Dal punto di vista concettuale, diciamo che il suo disordine è aumentato; dal punto di vista pratico, esso non può espandersi piú, e dunque ha esaurito la sua capacità di trasformare il calore in energia nobile.

Se vogliamo che questa «macchina» sia utile, dobbiamo riportare il pistone nella posizione che aveva inizialmente, in modo che possa compiere nuovamente, e con continuità, la utile operazione di trasformare il calore in energia nobile. Purtroppo, se lasciando tale e quale la temperatura noi proviamo a comprimere il gas intervenendo sul pistone, troveremo che l'energia nobile necessaria per riportarlo nella situazione iniziale è, in condizioni ideali, esattamente uguale all'energia che il pistone ci aveva fornito durante l'espansione del gas. La piastra calda sottostante il cilindro riceve nuovamen-

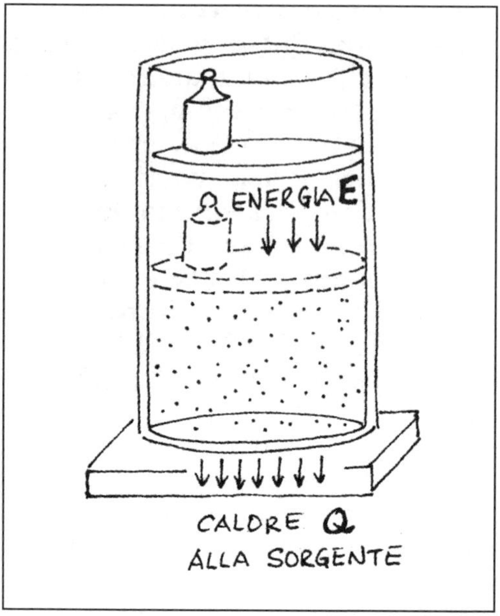

Se lasciamo invariata la temperatura del gas di cui alla figura di p. 79 e lo comprimiamo, l'energia meccanica E viene ceduta alla sorgente nella forma di calore Q.

Osserviamo ora la figura della pagina accanto. La compressione, se avviene a temperatura minore rispetto all'espansione, può essere compiuta spendendo meno energia meccanica di quanta ne è stata sviluppata nell'espansione.

te il calore che ci aveva dato durante l'espansione: e torniamo nella condizione iniziale senza che vi sia stata alcuna trasformazione di calore in energia meccanica. Questo teoricamente. Nella realtà, in conseguenza degli attriti, durante l'espansione non tutto il calore diviene energia meccanica; al ritorno, occorre piú energia meccanica di quanta ne abbiamo ricevuta all'andata. Il risultato complessivo è che abbiamo speso energia meccanica per produrre calore, e non viceversa. Né potevamo aspettarci diversamente, visto che il secondo principio della termodinamica afferma che non è possibile produrre con continuità energia nobile avendo a disposizione un'unica sorgente di calore, a una sola temperatura.

In effetti, se oltre alla piastra calda abbiamo anche una sorgente fredda, mediante la quale possiamo raffreddare il gas, le cose possono andare meglio. Facciamo dunque riscaldare il gas, e forniamogli calore affinché si espanda. L'energia meccanica che esso produce durante l'espansione, possiamo impiegarla ad esempio per fare girare un volano. Quando il pistone è arrivato in cima, raffreddiamo il gas: ora, per comprimerlo, è sufficiente una quantità di energia meccanica minore di quella che ci aveva dato all'andata. Per compri-

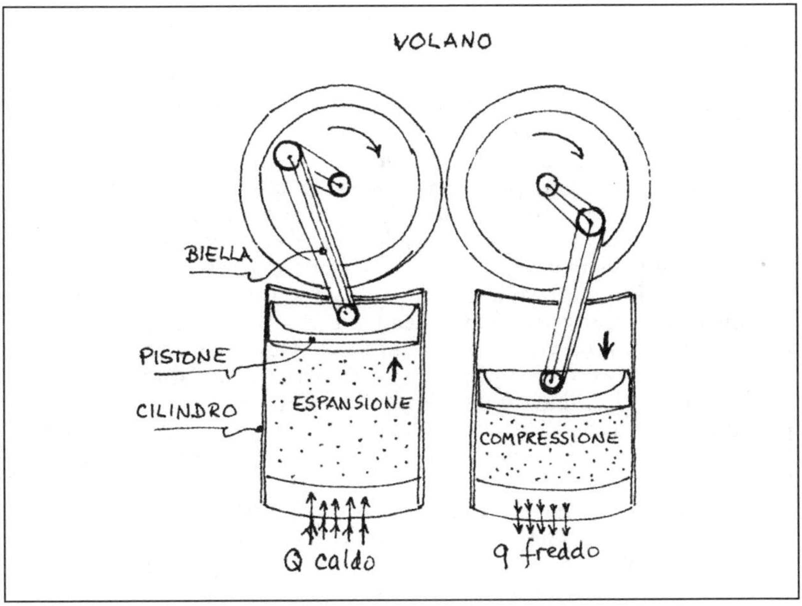

merlo, possiamo usare la stessa energia meccanica che il volano aveva acquisito nella forma di energia di movimento. Non tutta questa energia serve per comprimere il gas: una parte rimane al volano, sempre nella forma di energia di movimento. Ora, il cilindro con pistone, è pronto per ricevere nuovo calore e fare una nuova espansione, e trasformare cosí con continuità calore in energia di movimento. I motori termici funzionano, concettualmente, proprio cosí. Nella pratica, i piú comuni (vedi paragrafo 7 del I capitolo) sono motori a combustione interna: cioè, il calore per fare espandere il gas è prodotto da un combustibile che brucia dentro lo stesso cilindro; ma questo non cambia molto la sostanza delle cose.

Riassumendo, nel complesso succede questo. Viene prelevato calore da una sorgente calda, e parte di questo calore viene trasformato in energia di movimento, aumentandone cosí l'ordine. Tuttavia, una parte del calore viene scaricata a temperatura piú bassa alla sorgente fredda (all'ambiente); e all'interno di questa sorgente, che riceve calore, il disordine aumenta. Il massimo che può succedere teoricamente, con un motore perfetto, è che questo aumento di disordine compensi esattamente l'ordine provocato trasformando il calore in

Termodinamica e sistemi termodinamici

Un sistema fisico abbastanza grande da essere direttamente osservabile dai nostri sensi si chiama 'sistema macroscopico'. Un sistema macroscopico è formato da un numero grandissimo di costituenti 'microscopici' (atomi, molecole), cioè tanto piccoli da non essere da noi direttamente osservabili. Questi costituenti possono muoversi, in certa misura, l'uno indipendentemente dall'altro.
Non è tuttavia né utile né possibile descrivere il moto di ciascuno dei costituenti microscopici di un sistema macroscopico; ci si accontenta di descrivere il sistema attraverso caratteristiche di insieme (come volume, pressione, temperatura). Queste caratteristiche di insieme sono dette 'parametri di stato'. Quando un sistema viene descritto attraverso i suoi parametri di stato è detto 'sistema termodinamico': lo stato di un sistema termodinamico è conosciuto quando sono conosciuti i valori dei suoi parametri di stato. Quando un sistema termodinamico cambia stato si dice che esso subisce una 'trasformazione'.
Durante una trasformazione, all'interno del sistema, e fra il sistema e l'ambiente, hanno luogo in generale trasformazioni e trasferimenti di energia (in particolare di energia termica). La 'termodinamica' è quel capitolo della fisica che si occupa di descrivere come le trasformazioni dei sistemi termodinamici si colleghino alle trasformazioni e ai trasferimenti di energia.
Uno degli argomenti piú interessanti affrontati dalla termodinamica è lo studio delle trasformazioni dell'energia meccanica in energia termica e viceversa; in particolare lo studio dei 'motori termici'. Un motore termico è un sistema che assorbe calore da una 'sorgente calda', e ne trasforma una parte in energia di movimento; e ciò mentre il sistema compie una 'trasformazione ciclica'. Una trasformazione ciclica (o ciclo) è una trasformazione ripetitiva, che riporta cioè alla fine il sistema termodinamico nello stesso stato che aveva all'inizio. Un motore termico è dunque un sistema «che gira», e ciò facendo produce energia meccanica assorbendo energia termica.

energia di movimento. Nella pratica, il disordine complessivo aumenta sempre.

Ancora una volta, cosí come abbiamo piú volte anticipato, è confermata la regola che se si considera tutto ciò che è coinvolto in un fenomeno (il sistema termodinamico e l'ambiente in cui esso si trova) il disordine complessivo aumenta; anche se è possibile, adottando opportuni accorgimenti, ottenere l'ordine che ci serve (energia meccanica) a spese di un aumento di disordine in qualche parte dove questo non ci disturbi troppo (calore riversato alla sorgente fredda).

4. Ordine e disordine nei sistemi non isolati. Tutte le considerazioni che abbiamo fatto fino ad ora si riferivano ad un sistema termodinamico particolarmente semplice: cioè a un gas rarefatto, le cui molecole si muovono a caso senza attirarsi fra di loro, e senza che niente eserciti una forza su di esse. Solo molto brevemente, nei paragrafi 1 e 7 del II capitolo, abbiamo anticipato che se si esercitano forze sui costituenti del sistema, la configurazione verso cui il sistema tende ad evolvere può essere diversa, con caratteristiche di maggiore ordine geometrico. L'esempio che allora avevamo fatto era quello delle palle da biliardo legate con un sottile elastico. Dando un colpo di stecca alle palle, in virtú dell'energia di movimento che cosí ricevono esse si sparpagliano. Mentre si muovono, la loro energia di movimento ordinata va trasformandosi per attrito in moto disordinato delle molecole, e le biglie si riscaldano. In assenza dell'elastico, quando si fermano esse rimangono sparpagliate in una configurazione disordinata. Ma se c'è l'elastico, questo prende ad attirarle verso la configurazione iniziale: l'energia accumulata nell'elastico teso, si trasforma prima in movimento, ma poi anch'essa si trasforma in calore per conseguenza degli attriti. Alla fine, le palle da biliardo si ritrovano nella loro situazione iniziale geometricamente ordinata. L'entropia è aumentata, perché l'energia di movimento ordinato che è stata comunicata dalla stecca si è trasformata in calore; ma questo aumento di disordine non si traduce in una distruzione della simmetria, della geometria di insieme.

Facciamo ora un altro esempio che ci consente di arrivare, su questo argomento, a conclusioni piú generali. Abbiamo ancora un gas contenuto dentro un recipiente; ma per rendere piú intuitiva la discussione, immaginiamolo come un insieme di un grandissimo numero di biglie di acciaio contenute dentro una stanza. Alle normali temperature, le biglie si muovono disordinatamente a velocità molto grande. Quando urtano contro una parete o il soffitto, esse rimbalzano: la loro velocità cambia direzione nell'urto, senza però venire in alcun modo frenata. La stanza risulta uniformemente riempita da tutto questo movimento. Nonostante infatti le biglie siano attratte verso il basso dalla forza peso, la loro velocità è cosí grande che il peso non riesce a produrre alcun effetto di addensamento verso il basso: esse sono praticamente tanto pre-

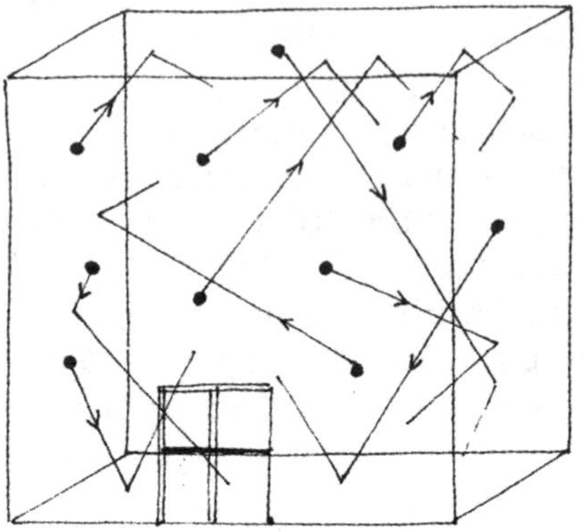

Una stanza contenente un gran numero di biglie che si muovono molto velocemente a caso, è riempita in maniera pressoché uniforme.

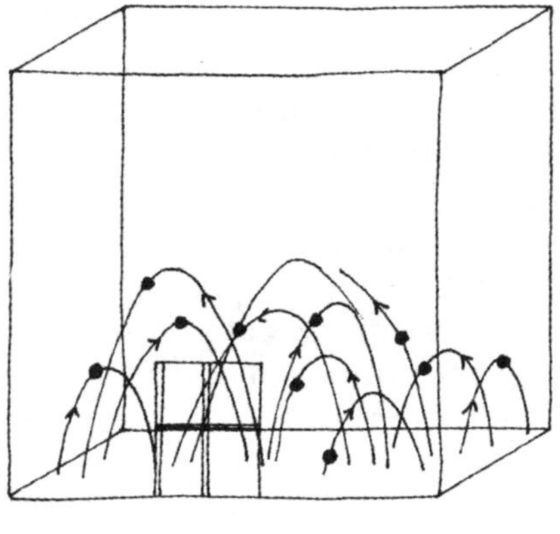

Se le biglie si muovono piú lentamente, esse occupano prevalentemente la parte della stanza piú prossima al pavimento.

senti e tanto veloci in vicinanza del soffitto quanto in vicinanza del pavimento.

Ma ora cominciamo a sottrarre calore dal gas, raffreddandolo. Sappiamo che via via che la temperatura diminuisce, la velocità delle nostre biglie (che rappresentano le molecole del gas) va diminuendo. Via via che il moto delle biglie diviene piú lento, comincia a vedersi l'effetto della forza peso. Dopo aver rimbalzato sul pavimento, ciascuna di esse salendo verso l'alto viene rallentata cosí come la palla con cui gioca un bambino ricade dopo il rimbalzo, e molte non raggiungono

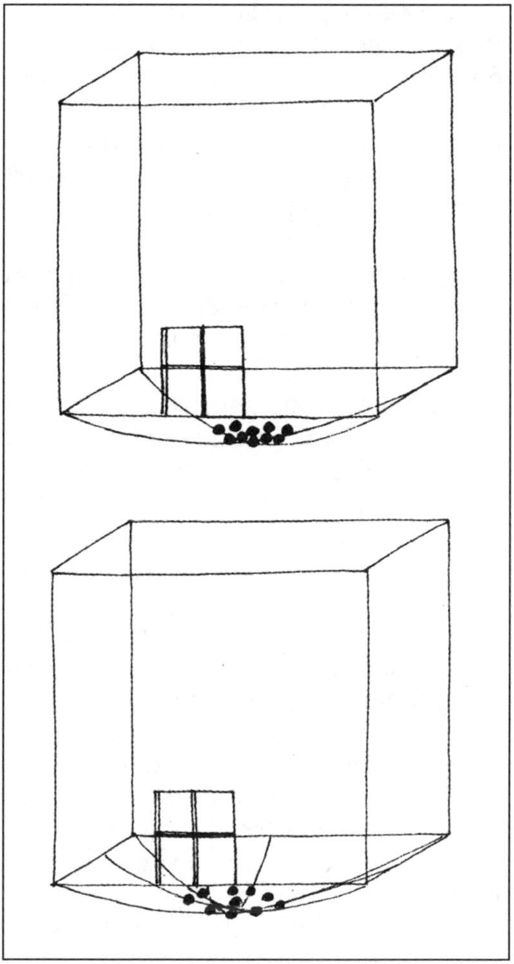

Se il pavimento è concavo, a velocità ancor piú bassa le biglie vanno a disporsi nella parte piú profonda, dove è minore la loro energia di posizione.

Se il pavimento, nella sua parte piú profonda, ha una serie di buche disposte regolarmente, le biglie possono andare ad occuparle, e formare una figura simmetrica.

piú nemmeno il soffitto. Diminuendo ancora la temperatura, le biglie vanno ad addensarsi in vicinanza del pavimento, e ballonzolano su di esso ricadendovi subito dopo ogni rimbalzo.

Se il pavimento fosse concavo, tutte le biglie tenderebbero, al diminuire ulteriore della velocità, a concentrarsi nell'avvallamento piú profondo. Possiamo immaginare anche che il pavimento abbia, in corrispondenza dell'avvallamento, una serie di piccoli incavi disposti simmetricamente, ciascuno adatto a contenere una sola biglia. Allora, quando la velocità è abbastanza piccola (cioè quando la temperatura è sufficientemente bassa), le biglie, andando ad occupare ciascuna una delle piccole nicchie, possono andarsi a disporre in una configurazione regolare: sono andate ad occupare, spontaneamente, una configurazione ordinata e simmetrica.

Che cosa ci insegna questo esempio?

Il nostro sistema non è un sistema isolato e la sua temperatura è determinata dagli scambi di calore con l'ambiente circostante. Ciascuna biglia, essendo sottoposta alla forza peso, ha una sua propria energia di posizione; e dunque anche il loro insieme (che rappresenta il gas) possiede una sua energia di posizione (o di configurazione).

Un oggetto sottoposto alla forza peso, tende ad andare a disporsi nella posizione piú bassa in cui l'energia di posizione è la minima possibile. Questo è un fatto generale: qualunque sistema tende a disporsi nella situazione in cui l'energia di posizione sia minima.

Nei sistemi termodinamici, questa tendenza è contrastata dalla agitazione dovuta alla temperatura, che tende ad instaurare il massimo disordine possibile. Ad alta temperatura, in effetti, prevale questa tendenza al disordine; mentre a bassa temperatura prevale la tendenza verso la configurazione di minima energia, che è in generale caratterizzata da un notevole contenuto di ordine e di simmetria.

Un sistema non isolato, quindi, ad alta temperatura tende ad arrestarsi nella configurazione di massima entropia; a bassa temperatura, tende a raggiungere la situazione di minima energia.

Se invece il sistema è isolato, la sua energia complessiva certamente non può cambiare: e allora esso non può far altro che disporsi nella situazione di massimo disordine compatibile con l'energia che esso ha, cosí come avevamo visto nel secondo capitolo.

Alla luce dell'esempio che abbiamo discusso in questo paragrafo, possiamo renderci conto di alcune costruzioni particolarmente elaborate che si ritrovano in natura. I cristalli di ghiaccio che compongono un fiocco di neve sono dei piccoli capolavori di simmetria: a bassa temperatura, le molecole d'acqua vanno infatti a disporsi nella configurazione di minima energia. Va notato che quando il nostro sistema si raffredda (quando la nuvola si congela per trasformarsi nel fioc-

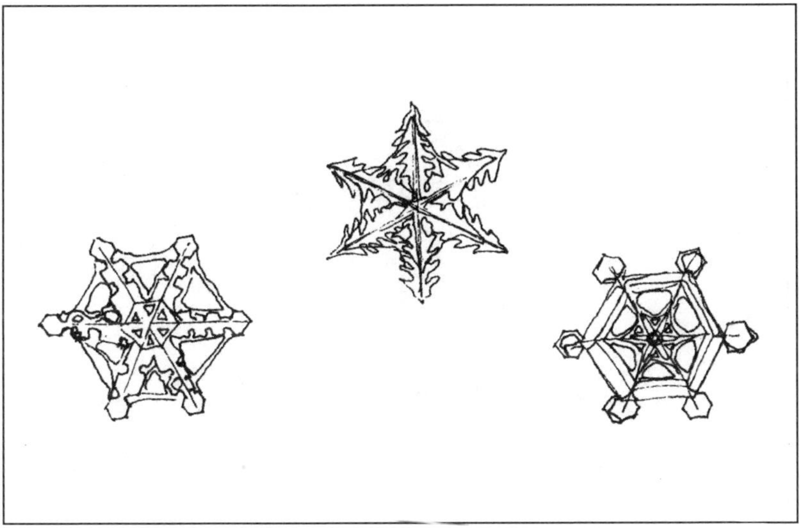

La tipica forma dei cristalli di ghiaccio in un fiocco di neve.

co di neve, per restare al nostro ultimo esempio) esso deve cedere calore all'ambiente circostante: ancora una volta dunque, l'ordine può essere ottenuto solo trasferendo il disordine altrove.

5. Il motore dei cicli atmosferici naturali. Negli esempi che abbiamo fatto in questo capitolo, abbiamo avuto conferma del fatto che tutti i sistemi complessi isolati tendono all'equilibrio verso la situazione di massimo disordine.

In effetti, abbiamo visto che è possibile che in un sistema si produca un ordine maggiore: ma allora questo sistema non può essere isolato, e l'ordine che in esso si produce (la sua diminuzione di entropia) ha come contropartita il trasferimento del disordine all'ambiente circostante, la cui entropia aumenterà in modo da compensare, almeno, la diminuzione di entropia del sistema. Tuttavia, quei processi che fanno aumentare l'ordine, sia pure localmente, sono quelli grazie ai quali il mondo possiede la sua varietà, la sua capacità di alimentare il movimento e la vita.

Il cristallo di ghiaccio, che in natura si costruisce spontaneamente in particolari condizioni, rappresenta un ordine statico, privo di movimento, conseguente ad una diminuzio-

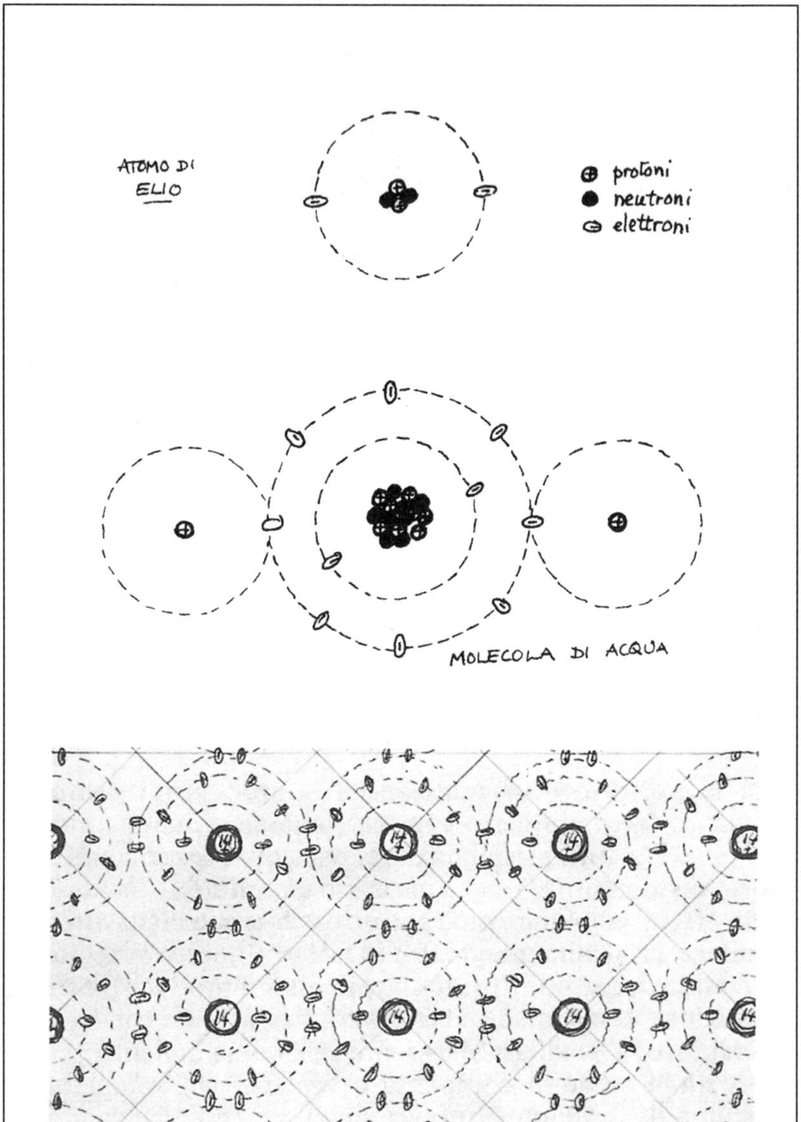

Esempi di strutture ordinate che si presentano in natura: in alto, un atomo di elio; al centro, una molecola di acqua; in basso, un cristallo di silicio.

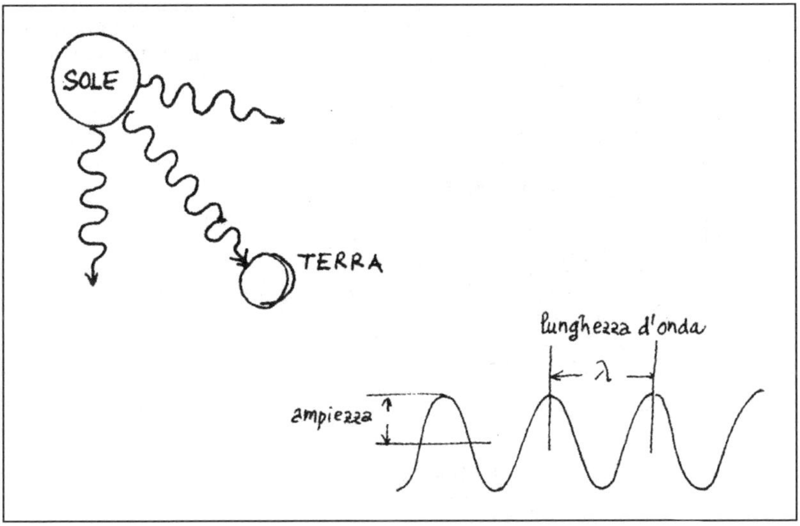

L'energia irraggiata dal Sole è energia formata da onde elettromagnetiche.

ne di energia del sistema. Le situazioni piú interessanti, al contrario, sono quelle in cui l'aumento di ordine di un sistema (o di una parte di esso) è accompagnato da un aumento della sua energia: solo cosí si può avere movimento, mutamento, evoluzione. Per fare esempi che vadano in qualche modo in questa direzione abbiamo fatto ricorso a dispositivi artificiali: i motori termici, le pompe di calore.

In realtà, anche la natura possiede i suoi motori, senza dei quali l'ordine, nel mondo, sarebbe fatto solo di rocce, di cristalli, di rose del deserto: di sistemi talvolta regolari e simmetrici, ma fermi. A questi motori (o per lo meno ai principali di essi: quello che muove il ciclo delle acque, e quello che muove il ciclo della crescita delle piante e della vita) abbiamo già accennato nel primo capitolo. Ora vogliamo riprendere l'analisi di questi sistemi, per approfondirla un poco alla luce di quello che abbiamo nel frattempo imparato. Cominciamo col piú semplice, cioè quello del ciclo delle acque e piú in generale dei cicli meteorologici (il vento, le correnti, ecc.).

La sorgente calda, che alimenta questo motore, è l'energia che proviene dal Sole. Questa energia viene dal Sole alla Terra, attraverso lo spazio cosmico, nella forma di luce e di altre radiazioni analoghe dette 'onde elettromagnetiche'. Le onde

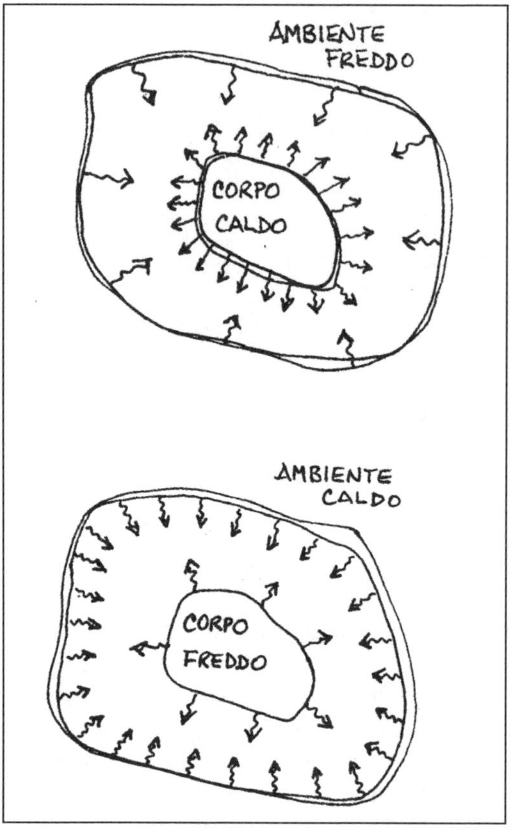

Un corpo caldo in un ambiente freddo emette piú energia di quanta ne riceve.

Un corpo freddo in un ambiente caldo riceve piú energia di quanta ne emette.

elettromagnetiche, e in particolare la luce, viaggiano anche nel vuoto. Alla categoria delle onde elettromagnetiche appartengono le onde radio, le cosiddette microonde, le radiazioni infrarosse, quelle visibili, quelle ultraviolette ed anche i raggi X e i raggi γ: tutte queste radiazioni differiscono fra di loro per la loro lunghezza d'onda. Le onde radio hanno una lunghezza d'onda dell'ordine dei metri, le microonde dell'ordine del centimetro; le radiazioni infrarosse di qualche micron o qualche decina di micron (il micron è la millesima parte del millimetro); le radiazioni visibili una frazione di micron; e cosí via. Fra le radiazioni visibili, la lunghezza d'onda ne determina il colore; dal rosso (circa 0,7 micron) al violetto (circa 0,4 micron), con in mezzo tutti i colori dell'arcobaleno, i sette colori dell'iride.

Ogni corpo emette sempre, spontaneamente, radiazioni elettromagnetiche. Solo un corpo che si trovasse alla minima temperatura teoricamente possibile e praticamente irraggiungibile, lo zero assoluto, non emetterebbe radiazioni elettromagnetiche.

L'energia emessa (o irraggiata) da un corpo nella forma di onde elettromagnetiche aumenta molto rapidamente via via che aumenta la temperatura del corpo stesso. Un corpo caldo, circondato da un ambiente freddo, irraggia piú energia di quanta non ne riceva, e per ciò si raffredda. Viceversa, un corpo freddo immerso in un ambiente caldo riceve da questo piú energia di quanto esso stesso non ne irraggi, e perciò si riscalda. Se la temperatura del corpo e quella dell'ambiente sono fra loro uguali, allora tanta energia il corpo riceve quanta ne emette: la situazione è una situazione di equilibrio.

Le onde elettromagnetiche che un corpo irraggia non hanno tutte la stessa lunghezza d'onda: si tratta piuttosto di una mescolanza di onde di varia lunghezza d'onda, che forma quello che si chiama lo 'spettro' di emissione di quel corpo. Quanto piú il corpo è caldo, tanto piú corta, mediamente, è la lunghezza d'onda del suo spettro di emissione. Un corpo molto freddo, pochi gradi sopra lo zero assoluto, emette mi-

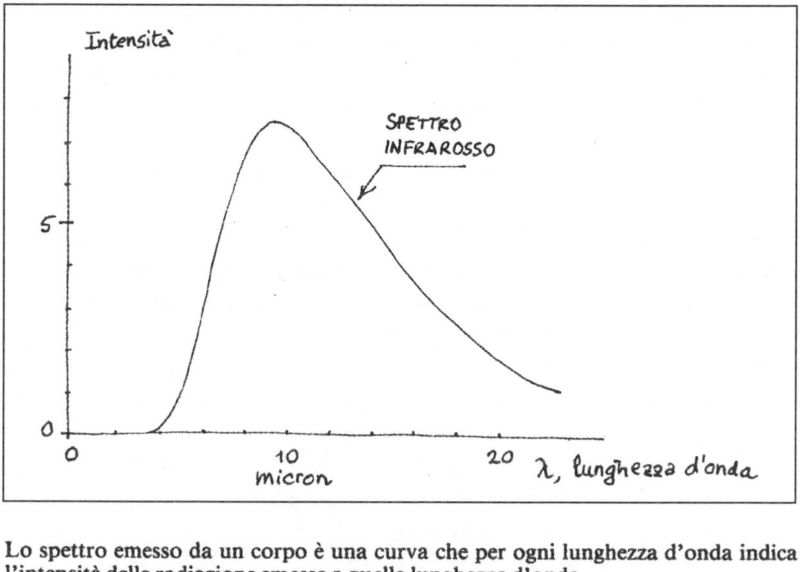

Lo spettro emesso da un corpo è una curva che per ogni lunghezza d'onda indica l'intensità della radiazione emessa a quella lunghezza d'onda.

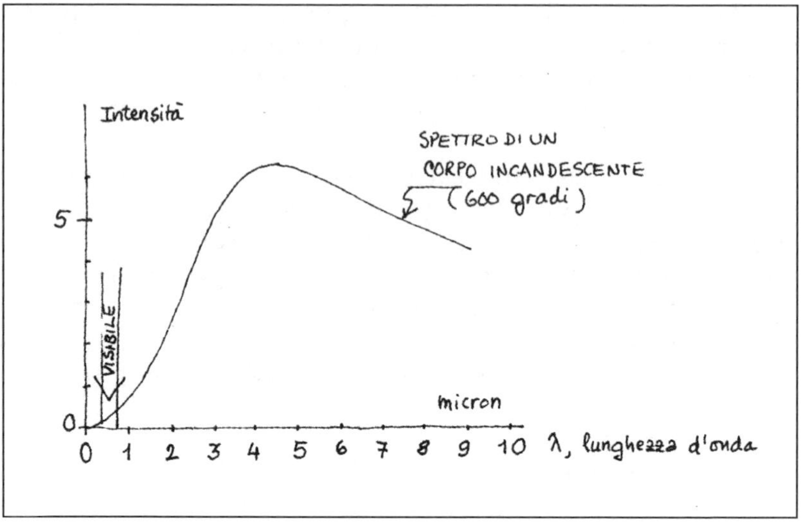

Lo spettro emesso da un corpo incandescente contiene anche radiazioni visibili.

croonde, e l'energia totale irraggiata è molto poca. Un corpo che si trovi alla temperatura tipica dell'ambiente naturale sulla Terra (ad esempio a 27 gradi) emette uno spettro di radiazione infrarossa, che non è visibile all'occhio umano. Se il corpo viene via via riscaldato, l'energia emessa aumenta e lo spettro comprende lunghezze d'onda via via piú brevi. A cinque o seicento gradi, lo spettro emesso comprende radiazioni rosse: il corpo si «arroventa». Continuando ad aumentare la temperatura, la radiazione emessa ha lunghezza d'onda sempre piú breve: il filamento di una lampadina elettrica, ad alcune migliaia di gradi, emette, oltre a radiazioni infrarosse invisibili, anche uno spettro di luce bianca, che comprende cioè lunghezze d'onda corrispondenti a tutti i colori dell'iride. Il Sole, al suo interno, ha una temperatura di molti milioni di gradi; e la sua superficie ha una temperatura di circa seimila gradi. Essa emette dunque una radiazione molto intensa, e il suo spettro è uno spettro bianco, accompagnato anche da radiazioni infrarosse e ultraviolette.

Le radiazioni emesse dal Sole e da qualunque altra stella si diffondono in tutto lo spazio cosmico, muovendosi alla fantastica velocità di trecentomila chilometri al secondo: questa infatti è la velocità della luce, la piú elevata che qualunque

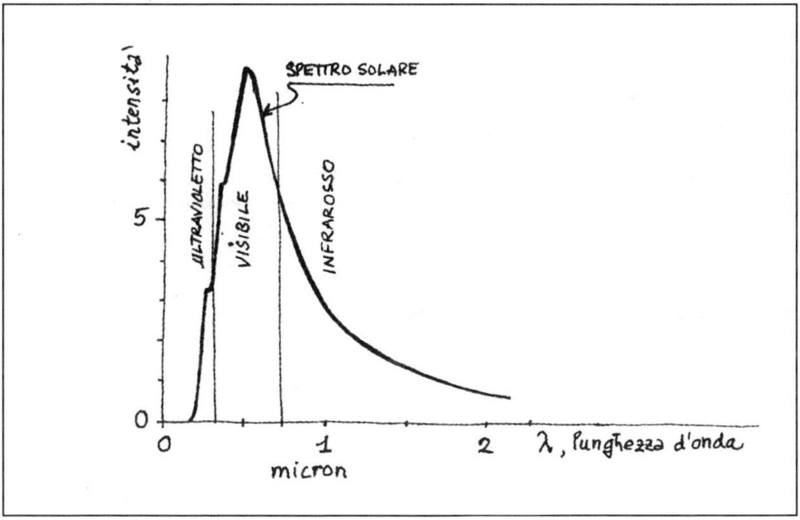

Lo spettro del Sole contiene soprattutto luce visibile.

oggetto o qualunque segnale possa avere. Un poco di questa energia colpisce anche la Terra: lo spettro è ancora molto simile a quello che la radiazione aveva quando è stata emessa dal Sole, ma a causa della grande distanza (circa 150 milioni di chilometri) essa si è ormai diluita molto: fortunatamente per noi, essa è ancora sufficientemente intensa per scaldarci, ma non per bruciare.

Le porzioni di terra, o di mare, via via colpite dai raggi del Sole, si riscaldano. Parte dell'acqua evapora, e l'aria a contatto si riscalda; l'aria e il vapore si riscaldano come il gas dentro il cilindro di cui abbiamo già parlato. Ma, come abbiamo già discusso in quella occasione, ciò non è sufficiente per generare un fenomeno di circolazione. Affinché si abbia un fenomeno di movimento ripetitivo, un 'fenomeno ciclico', come si dice in fisica, è necessario avere almeno due sorgenti, una calda e una fredda. Se vi fosse solo la sorgente calda rappresentata dal Sole, si avrebbero due fenomeni indesiderati: il primo è che l'aria, una volta espansa, non potrebbe ricomprimersi (e l'acqua, una volta evaporata, non potrebbe ricondensarsi); l'altro è che la Terra sarebbe sottoposta a un progressivo riscaldamento, a causa del continuo arrivare di nuova energia dal Sole.

Affinché si abbia un fenomeno ciclico, un vero e proprio motore, è necessario che il sistema termodinamico ceda una certa quantità di calore a una sorgente fredda. Nel caso dei cicli naturali, questa sorgente fredda è rappresentata dallo spazio cosmico. Lo spazio vuoto non emette radiazioni elettromagnetiche; e lo spazio cosmico è pieno solo dei residui di microonde in cui si è trasformata la radiazione emessa nella esplosione primordiale che ha dato origine all'universo e su cui torneremo piú avanti. Lo spazio cosmico si comporta come un corpo a una temperatura di circa 270 gradi sotto zero. La Terra, dunque, da un lato riceve energia dal Sole, ma dall'altro essa irraggia, come ogni altro corpo alla temperatura ambiente, energia; questa energia si allontana verso lo spazio, che per conto suo invia invece verso la Terra una quantità di radiazione trascurabile.

La parte della Terra che via via affaccia verso il Sole si riscalda; ma quella non illuminata dal Sole si raffredda, perché emette energia verso lo spazio. Se non fosse immersa nello spazio freddo, la Terra si riscalderebbe sempre piú a causa del Sole; se non fosse illuminata dal Sole, essa si raffredderebbe a causa dell'energia emessa verso lo spazio freddo. Il suo clima temperato deriva dall'equilibrio fra queste due sorgenti. L'una scalda l'aria e fa evaporare l'acqua; in altri po-

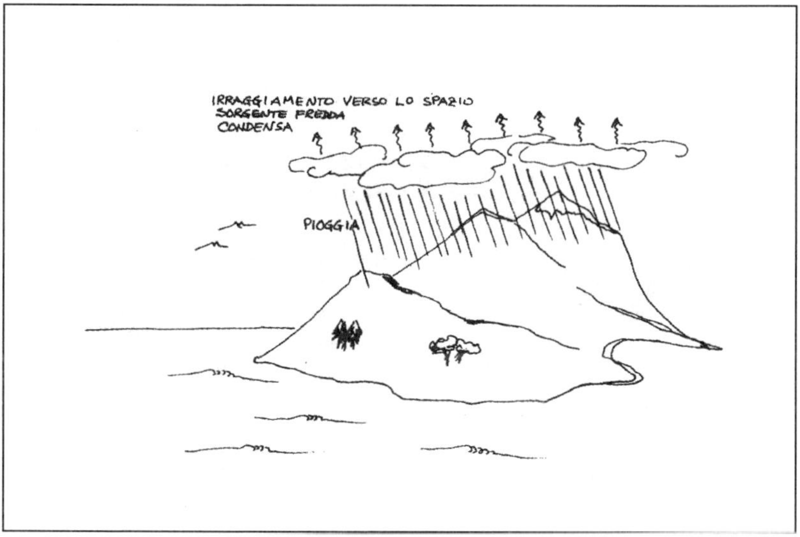

sti, e ad altre ore, l'aria si raffredda e il vapore d'acqua si condensa in virtú della sorgente fredda. Cosí gira il motore dei cicli naturali meteorologici. In qualche parte si genera ordine, laddove il calore diviene movimento; e il disordine viene riversato nella sorgente fredda, cioè viene disperso verso lo spazio cosmico.

Fra parentesi, va notato che consumando una quantità sempre maggiore di combustibili, l'umanità immette nell'atmosfera quantità crescenti di anidride carbonica.

L''anidride carbonica' è un gas incolore e inodore che si sviluppa dai processi di combustione di tutti i principali combustibili che sono a base di carbonio (legna, carbone, petrolio, gas metano, ecc.). Una molecola di anidride carbonica è formata dalla combinazione di un atomo di carbonio con due di ossigeno, e si indica con CO_2. Un atomo di carbonio, combinandosi con l'ossigeno, sviluppa energia. Se c'è poco ossigeno (se il processo avviene, come si dice, in difetto di ossigeno) si forma una molecola di ossido di carbonio CO, formata da un atomo di carbonio e da uno di ossigeno. L'ossido di carbonio, allo stato libero di gas, è mortale se viene respirato dall'uomo. Una molecola di ossido di carbonio può combinarsi con un atomo di ossigeno, e mentre cosí forma l'anidride carbonica, sviluppa altra energia.

La molecola di anidride carbonica è stabile. Se si vuole trasformarla nuovamente in ossido di carbonio, o in carbonio puro (cioè se si vuole trasformarla nuovamente in combustibile), occorre strapparle una o due molecole di ossigeno, e ciò richiede tanta energia quanta era quella che si era sviluppata nel corrispondente processo di combustione.

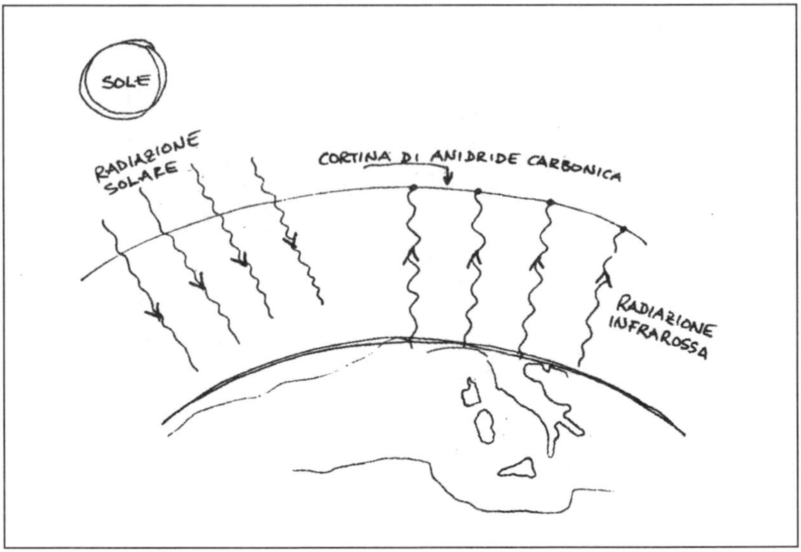

L'anidride carbonica immessa nell'atmosfera non impedisce ai raggi del Sole di entrare, ma non lascia uscire la radiazione infrarossa emessa dalla Terra; si ha cosí l'effetto serra.

Questa anidride carbonica forma intorno alla Terra una specie di serra che lascia entrare i raggi del Sole ma assorbe la radiazione infrarossa che la Terra emette verso lo spazio cosmico.

Il motore dei cicli naturali si arresta sia se il Sole si oscura, sia se la Terra non può piú irraggiare energia verso lo spazio: ed è questo secondo effetto quello che noi produciamo immettendo quantitativi sempre maggiori di anidride carbonica nell'atmosfera.

Continuando cosí, la Terra tenderà a riscaldarsi sempre piú e il suo motore comincerà a girare con sempre maggiore difficoltà.

6. Il motore del ciclo della vita. Anche il funzionamento del 'ciclo biologico' sulla Terra non sfugge alle regole che abbiamo fin qui visto.

Ogni essere vivente, ogni pianta o animale, per crescere e per muoversi ha bisogno di energia nobile, che all'interno dei processi della vita si degrada in energia termica, e come tale viene poi dispersa nell'ambiente circostante.

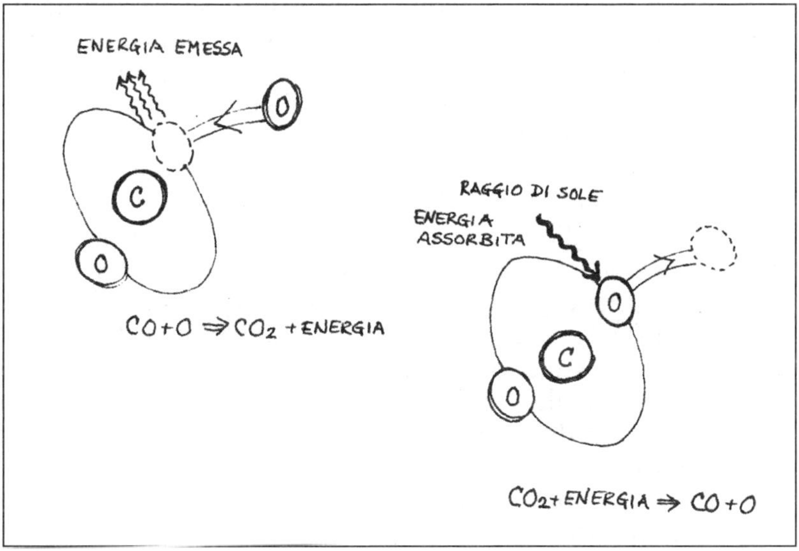

Una molecola di ossido di carbonio (CO), combinandosi con un atomo di ossigeno (O), forma una molecola di anidride carbonica (CO_2) e sviluppa energia. A destra, il processo inverso.

È dunque necessario che tutta l'energia nobile che viene via via utilizzata da tutti gli esseri che vivono sulla Terra venga poi rigenerata; e questo rappresenta, nel suo insieme, l'aspetto energetico della vita sulla Terra.

Abbiamo già accennato che il motore di questo processo è rappresentato dalle piante. Queste compiono quella che si chiama la 'funzione clorofilliana': un processo attraverso cui una parte dell'energia dei raggi del Sole che colpisce le piante, viene da queste fissata al loro interno, accumulata nella forma di energia chimica. E poi le piante usano esse stesse questa energia, e la forniscono agli animali erbivori che si cibano di piante, e cosí vengono soddisfatte tutte le esigenze di energia degli esseri viventi.

La funzione clorofilliana è un processo assai complesso, e qui non proveremo nemmeno ad analizzarne il meccanismo. Mi limiterò a descrivere uno schema estremamente semplificato di quel risultato del processo clorofilliano che è piú significativo dal punto di vista energetico.

Oltre a respirare ossigeno, le piante di giorno respirano anche anidride carbonica, assorbendola dall'aria. Inoltre, esse sto in piú rispetto ai motori termici e a tutte le altre macchine costruite dall'uomo: esse impiegano sí l'energia del Sole per funzionare, e trasformano l'energia dei suoi raggi nella forma di energia piú adatta alle loro esigenze; ma in piú, le piante usano la stessa energia del Sole per costruire, esse stesse, il complesso motore che le fa funzionare, il loro stesso meccanismo vitale. In alcune delle loro cellule, è scritto in codice il progetto della loro costruzione: della loro nascita, della loro vita e della loro morte. Esse seguono passo passo tale progetto mentre svolgono le loro funzioni, e mettono una accanto all'altra tutte le cellule che le costituiscono, come i mattoni di un grande e meraviglioso castello. E poi trasmettono tale progetto ai loro «figli», in modo da istruirli su come crescere, come vivere e come morire. Ma di tutto questo non ci occuperemo, in questo libro. Il mistero dei codici della vita è stato trattato in altri Libri di base [5]; e in un altro [6] ancora è stato descritto il meccanismo della evoluzione, quel meccanismo attraverso cui la natura sceglie, fra i suoi figli, quelli piú adatti a svolgere con abilità quelle funzioni che la natura stessa ha loro assegnato. In effetti, i modi impiegati dalle piante e dagli animali per trasmettersi, di padre in figlio, il progetto del loro essere, sono ora abbastanza ben conosciuti, almeno nei loro meccanismi fondamentali.

Diversamente stanno le cose se cerchiamo risposta alla domanda su come e quando tale progetto si sia sviluppato. In parole diverse, possiamo dire di sapere come faccia la gallina a fare l'uovo; ed anche di sapere come dall'uovo nasca il pulcino, e dunque la gallina. Ma il fatto stesso che la domanda «È nato prima l'uovo o la gallina?» venga usata nel linguaggio comune per indicare la domanda di cui nessuno possiede la risposta, dimostra come l'origine della vita sulla Terra sia ancora considerata un mistero la cui soluzione è ancora, allo stato delle conoscenze scientifiche, alquanto lontana.

Eppure, anche su questo mistero la scienza è in grado di darci fin d'ora qualche abbozzo di risposta. Non sono che i primi barlumi di luce su un mondo ancora in gran parte sconosciuto. Ad essi dedicheremo l'ultimo capitolo, il quarto, di questo libro.

5. Marcello Giomini, *Come nacque la vita sulla Terra*, «Libri di base» 44, 1983 e Marcello Buiatti, *Le frontiere della genetica*, «Libri di base» 66, 1984.
6. Giuseppe Montalenti, *Charles Darwin*, «Libri di base» 36, 1982.

7. La vita dell'universo. Abbiamo visto che un sistema termodinamico, cioè un sistema complesso, formato da un numero grandissimo di elementi semplici, quando è isolato tende sempre a raggiungere, come stato di equilibrio, lo stato di massima probabilità: cioè lo stato di massimo disordine o, se vogliamo, di massima entropia. Sistema isolato significa, come abbiamo già visto, che esso non riceve energia dall'ambiente circostante, né cede ad esso energia.

Quando invece un sistema non è isolato, cioè quando esso può scambiare energia con l'ambiente circostante, allora le cose vanno in maniera diversa. In particolare, se il sistema può cedere energia all'ambiente, cioè se l'ambiente è piú freddo del sistema, allora questo tende a raggiungere lo stato di minima energia. Questo stato può essere anche uno stato caratterizzato da notevole ordine e simmetria; uno stato però sostanzialmente privo di movimento e di calore. Abbiamo visto presentarsi questa circostanza nel caso del cristallo di ghiaccio che va a costituire un fiocco di neve.

L'universo tutto che ci circonda, le centinaia di miliardi di galassie che si trovano in cielo, ognuna formata da centinaia di miliardi di stelle, è anch'esso un sistema complesso, e possiamo dunque aspettarci che anch'esso segua le leggi che abbiamo visto valere per i sistemi termodinamici. In base a queste leggi, quale evoluzione possiamo prevedere per l'universo? L'universo è un sistema isolato oppure no? E nel secondo caso, esso riceve o cede energia all'ambiente che lo circonda, costituito dal vuoto assoluto? Se saremo in grado di dare una risposta a queste domande — una risposta, per la verità, non cosí semplice né scontata come potremmo aspettarci — potremo poi anche avere un'idea a proposito del futuro dell'universo.

L'attuale ciclo della storia dell'universo ha avuto origine, forse una decina di miliardi di anni fa, con una immane esplosione, che nel gergo degli scienziati viene detta *big-bang*, il "grande scoppio"[7]. Da questo scoppio, la materia primordiale è stata lanciata a velocità enorme, fino ad alcune centinaia di migliaia di chilometri al secondo; una velocità prossima a quella della luce. Oggi, dopo alcuni miliardi di anni, la materia espulsa a velocità maggiore rispetto a noi è già arrivata lon-

7. Vedi *Il cosmo*, di Alberto Masani, «Libri di base» 77, 1984.

tanissimo da noi, e costituisce le galassie che si trovano a migliaia di miliardi di miliardi di chilometri dalla nostra galassia. Sono rimaste, piú vicine al nostro sistema solare, solo le stelle che si muovono piú lentamente rispetto a noi: alcune sono a non piú di qualche migliaio di miliardi di chilometri da noi.

Ogni oggetto, ogni elemento di materia, attrae ogni altro oggetto: è quella che si chiama la 'gravitazione universale'.

Di questa forza di attrazione abbiamo continuamente sotto gli occhi una manifestazione che condiziona ogni momento della nostra vita: è la forza peso con cui la Terra attrae ogni oggetto che si trovi nelle sue vicinanze. La forza peso sarebbe tanto piú grande quanto piú grande fosse la densità della Terra, cioè quanto maggiore fosse la massa del nostro pianeta, e quanto piú piccolo il suo raggio; e ciò perché se il raggio fosse piú piccolo gli oggetti sarebbero piú vicini al centro della Terra. La forza di gravitazione universale è in effetti tanto piú grande quanto maggiore è la massa degli oggetti che si attraggono, e tanto piú piccola la loro distanza. Grazie alla gravitazione universale, i pianeti girano intorno al Sole, e i satelliti intorno ai pianeti. Dopo la grande esplosione primordiale, il *big-bang*, la forza di gravitazione ha fatto sí che la materia informe si raggrumasse, andando a formare i corpi celesti.

Consideriamo ora una stella come il Sole. Come abbiamo già detto, la temperatura al suo interno è di molti milioni di gradi; e per conseguenza le particelle che la costituiscono si muovono ad altissima velocità: sappiamo infatti che c'è una relazione diretta fra la temperatura di un sistema termodinamico e la velocità media dei suoi costituenti microscopici. Eppure, nonostante la loro altissima velocità, queste particelle (tra cui predominano protoni, cioè nuclei di idrogeno elettricamente positivi; neutroni, cioè particelle nucleari simili a protoni, ma prive di carica elettrica; e in piú elettroni elettricamente negativi oltre a varie altre particelle, instabili allo stato libero) non sfuggono dal Sole, perché vengono attratte verso il suo centro dalla stessa forza di gravitazione universale. In virtú della grande massa del Sole, la sua forza di gravitazione è infatti assai maggiore di quella della Terra: un oggetto qualunque, portato all'interno del Sole, avrebbe un peso quasi cento volte piú grande rispetto al peso che esso ha sulla Terra.

Dunque la tendenza delle particelle a sfuggire, in virtú del-

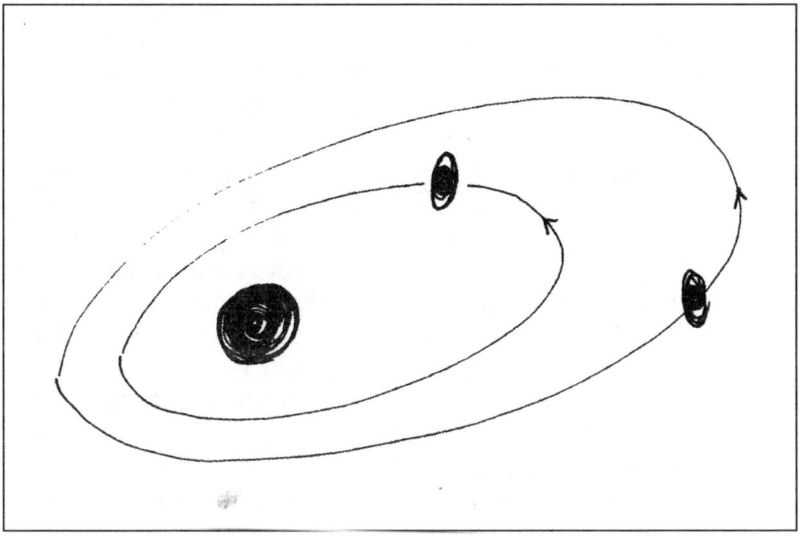

Due oggetti qualunque si attraggono fra di loro. È la forza gravitazionale, in virtú della quale anche i pianeti ruotano intorno al Sole.

la loro grande velocità, è contrastata dalla forza di attrazione verso il centro del Sole, che tende a mantenerle localizzate. E cosí all'interno del Sole, oltre ad esserci una temperatura molto alta, c'è anche una pressione molto elevata. In queste condizioni, i protoni e i neutroni tendono a unirsi fra di loro. Due protoni e due neutroni, strettamente uniti, formano un nucleo di elio. E la massa del nucleo di elio è minore della massa dei due protoni e dei due neutroni che lo formano: nel processo della loro unione, che si chiama 'fusione nucleare', va dunque persa una certa quantità di massa.

Come abbiamo già visto, quando una certa quantità di massa va persa, si sviluppa una grandissima quantità di energia. In effetti, la fusione nucleare è lo stesso processo che alimenta l'esplosione delle terribili bombe H. Sul Sole, la fusione nucleare avviene con continuità, e questo processo di fusione continua e controllata mantiene la temperatura del Sole cosí elevata, a dispetto della grandissima quantità di energia irraggiata nella forma di radiazioni elettromagnetiche.

L'universo contiene miliardi di miliardi di stelle come il Sole, ognuna di esse a temperatura elevatissima; ognuna di esse alimentata dal proprio processo di fusione nucleare. Ogni stella è immersa nello spazio cosmico, che come abbiamo già visto si comporta come un corpo estremamente freddo, a una temperatura di circa 270 gradi sotto zero. Una piccola parte dell'energia irraggiata dal Sole viene a colpire anche la Terra e gli altri pianeti, che si trovano ad una temperatura intermedia; questa energia, facendo tappa da noi nel suo viaggio verso lo spazio, trova modo di alimentare sulla Terra il ciclo dell'energia, quello dell'acqua e quello della vita.

Quando abbiamo introdotto i sistemi termodinamici, abbiamo detto che essi sono in equilibrio quando al loro interno i parametri di stato hanno lo stesso valore dappertutto. Anche la temperatura è un parametro di stato; e questo parametro, nei vari punti dell'universo, ha valori molto diversi: è milioni di gradi nelle stelle; è qualche decina di gradi sui pianeti come la Terra; è alcune centinaia di gradi sotto zero nello spazio cosmico. Dunque l'universo non è un sistema termodinamico in equilibrio. Solo quando le stelle (avendo irraggiato nello spazio, disperdendola, tutta l'energia che possono sviluppare) si fossero raffreddate, solo allora l'universo sarebbe in equilibrio termico, cioè la sua temperatura sarebbe uguale dappertutto. Ma prima che questo succeda, occorre aspettare molti miliardi di anni.

Le stelle disperdono la loro energia verso lo spazio cosmico. Dunque ciascuna di esse, e tutte nel loro insieme, perdono energia. L'universo quindi non è un sistema isolato; la sua energia va infatti diminuendo, si va disperdendo nello spazio.

Cosí come ogni altro corpo, anche le stelle sono sottoposte all'attrazione di gravitazione universale: esse si attraggono tutte l'una con l'altra, e anche le galassie si attraggono fra di loro. Tornando all'esempio delle palle da biliardo, esse sono come biglie legate fra di loro da un sottilissimo invisibile elastico rappresentato dalla forza di gravitazione.

Cosa succederà dunque alle stelle e alle galassie, e quindi all'universo, in un futuro lontano qualche miliardo di anni?

Le stelle si raffredderanno; ciascuna di esse diventerà un corpo celeste inerte e scuro. Nel contempo, la loro corsa verso lo spazio, che ha avuto inizio con il *big-bang*, tenderà ad essere frenata dal sottile elastico che le lega l'una all'altra.

Ora il problema è: l'elastico è sufficientemente robusto da arrestarne completamente il moto, oppure le stelle si muovono con energia sufficiente a spezzare quell'elastico, cioè a vincere definitivamente la loro attrazione reciproca? In questo secondo caso, le stelle, una volta raffreddate, continuerebbero all'infinito la loro corsa, piccoli punti neri in uno spazio buio.

Se invece avrà la meglio la gravitazione, cioè la forza che le lega una all'altra, allora la loro corsa sarà frenata; poi il verso del loro moto si invertirà, e cominceranno a compiere il percorso alla rovescia, correndosi incontro. Parrebbe a prima vista che l'universo sia destinato a far la fine di un fiocco di neve, di un cristallo di ghiaccio; dopo aver disperso la loro energia nello spazio, le stelle parrebbero destinate ad attirarsi verso la loro configurazione di minima energia. In realtà, però, la teoria della relatività generale sviluppata da Einstein all'inizio di questo secolo afferma (ed è una affermazione comprovata dai fatti) che anche la luce, anche le onde elettromagnetiche sono sottoposte alla forza di gravitazione universale. Non solo le stelle dunque, e le galassie, potrebbero essere fermate nella loro corsa; ma anche la stessa energia luminosa da esse emessa potrebbe essere fermata ed invertire infine la sua corsa. A questo punto accadrebbe allora che la luce, emessa oggi e nel tempo passato e anche negli anni futuri prima che la corsa delle stelle si inverta, comincerebbe a tornare là da dove essa è venuta. E cosí come essa sta oggi raffreddando le stelle, prenderebbe poi a riscaldarle nuovamente.

Se questo succedesse, allora l'universo sarebbe, considerato nell'arco della sua intera storia, un sistema isolato. L'energia che oggi se ne va, sarebbe destinata a ritornare. E allora dopo la fase dell'esplosione ci sarebbe la fase inversa, quella cosiddetta dell'implosione, che porterebbe tutta l'energia emessa nella esplosione primordiale a convergere nuovamente, a concentrarsi; a comprimere l'universo a un punto tale da dare origine infine ad una nuova esplosione, a un nuovo *big-bang*. In questo caso, l'universo non avrebbe mai fine; la sua vita sarebbe un succedersi ininterrotto di cicli tutti uguali; di immani esplosioni, ciascuna seguíta, dopo decine di miliardi di anni, da una implosione, a sua volta premessa di una nuova esplosione.

Quale, fra le due ipotesi, è quella giusta? Le stelle si disperderanno nelle spazio freddo, oppure sono destinate a ritornare al punto di partenza, insieme alla luce da esse emessa? L'universo avrà una «fine calda» o una «fine fredda»? A questa

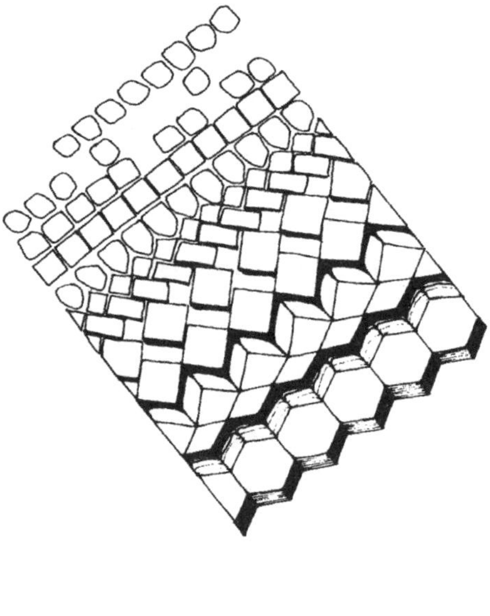

IV. TERMODINAMICA E ORIGINE DELLA VITA

La vita non è ordine statico – Sistemi termodinamici lontani dall'equilibrio – Sistemi aperti lontani dall'equilibrio – Ipotesi sullo sviluppo della vita – Conclusioni

1. La vita non è ordine statico. Fino a qui, le considerazioni che abbiamo fatto sull'ordine e sulla probabilità degli stati e delle configurazioni dei sistemi complessi si sono limitate alla analisi di stati di equilibrio. Abbiamo visto che lo stato piú probabile è quello piú disordinato. Un sistema isolato tende sempre a raggiungere, come stato di equilibrio, quello piú probabile e dunque quello piú disordinato.

Se il sistema non è isolato, allora esso, specialmente a bassa temperatura, tende a raggiungere la configurazione di minima energia: e questa configurazione può essere caratterizzata da un sorprendente ordine geometrico, da una struttura spaziale dotata di notevole simmetria. L'esempio che abbiamo fatto è quello dei cristalli di ghiaccio che formano un fiocco di neve.

Si tratta tuttavia di un ordine puramente statico: se si introduce nel sistema energia e movimento, ed anzi tanta piú energia e movimento si introducono nel sistema, tanto piú quell'ordine geometrico, quella struttura ordinata, tendono ad essere distrutti e sostituiti dal disordine.

Nei fenomeni della vita sono coinvolti sistemi estremamente complessi. Ma non si tratta di sistemi statici e inerti; al contrario, i fenomeni della vita sono proprio fenomeni di movimento e di energia. Anzi, l'ordine piú sorprendente che troviamo nei fenomeni della vita è proprio un ordine di comportamento (ordine funzionale): anche se questa organizzazione

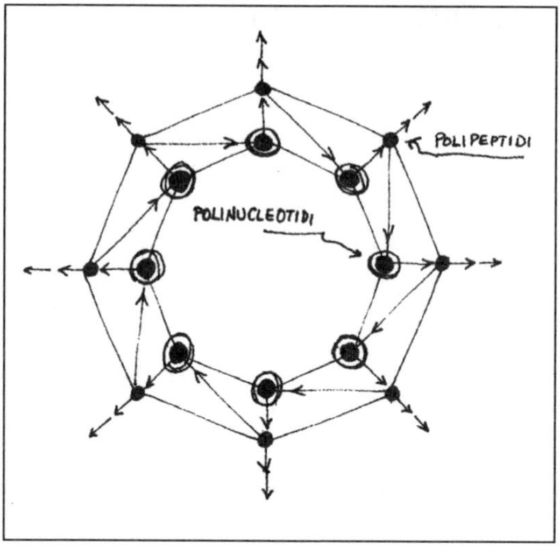

Questa figura, tratta da un articolo di Prigogine, mostra come anche le piú semplici fra le funzioni vitali siano caratterizzate da grande complessità strutturale e funzionale.

di funzioni si basa su un ordine geometrico (ordine strutturale), estremamente elaborato. Il numero di costituenti semplici, di atomi che formano una «molecola viva», è assai elevato: una proteina, ad esempio, è un castello costruito con circa centomila mattoni. E il piú semplice processo vitale avviene attraverso una molteplicità di passi, che richiede la collaborazione organizzata e attiva di un numero grandissimo di partecipanti.

Cosí come nella sintesi clorofilliana, cosí anche in tutti gli altri processi della vita le leggi della fisica vengono rispettate. La struttura della loro forma e della loro architettura, e il concatenarsi delle loro funzioni, consente agli elementi partecipanti ai processi della vita di trasmettere e rigenerare l'ordine, almeno fino al punto in cui non sia scritta l'ora della loro morte. Consente loro di succhiare ordine dall'ambiente, e di riversare verso l'ambiente il disordine che via via in loro si genera. Mentre fanno questo, esse obbediscono alle leggi della termodinamica.

Come ho già accennato, il mistero della vita non è dunque tanto rappresentato, almeno dal punto di vista di principio, dal funzionamento degli esseri vivi; né da come essi nascano, generati da altri esseri vivi. Il fenomeno ancora da chiarire è come abbia avuto origine la vita sulla Terra; come sia nato il primo essere autonomo e organizzato, capace di trasmettere

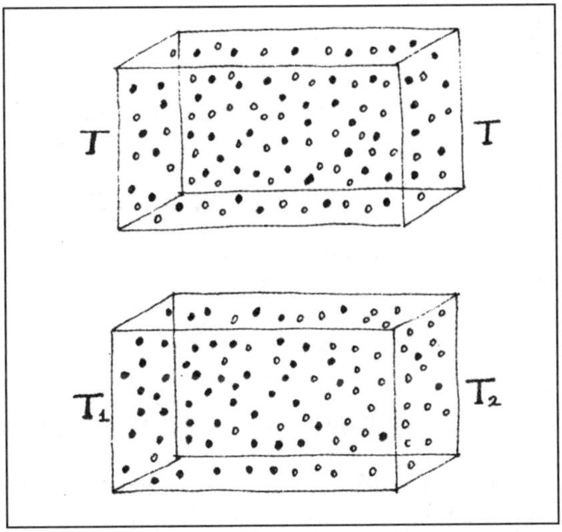

Un recipiente è riempito con una miscela di gas. Se la temperatura è uniforme, i due gas si distribuiscono uniformemente nel recipiente (in alto). Se uno dei lati viene mantenuto piú caldo dell'altro, i gas tendono ad addensarsi rispettivamente ai due lati (in basso).

ad altri dopo di lui il proprio ordine e la propria organizzazione. Nel linguaggio della fisica, si può dire che il fatto misterioso non è nella evoluzione dei fenomeni a partire da certe condizioni iniziali, complesse e organizzate, ma come tali complesse e organizzate condizioni iniziali si siano realizzate.

In questo capitolo discuteremo quei barlumi di conoscenza che, su questo affascinante tema, la scienza ha prodotto negli ultimi anni. Molti degli sviluppi conoscitivi su questi argomenti traggono origine dagli studi condotti dalla Scuola di Bruxelles, che fa capo ad Ilya Prigogine, premio Nobel per la chimica nel 1977.

2. Sistemi termodinamici lontani dall'equilibrio. La prima osservazione alla base degli studi di Prigogine è che i sistemi termodinamici non sono quasi mai in equilibrio. Si può anzi dire che un sistema termodinamico in equilibrio sia una pura schematizzazione, un modello che in realtà in natura non si presenta mai. Orbene, se studiamo un sistema termodinamico che non sia in condizioni di equilibrio, non sempre accade che per esso la situazione piú probabile, quella verso cui esso tende, sia la situazione di massimo disordine.

Consideriamo, per esempio, una miscela di due diversi gas, contenuti dentro uno stesso recipiente, cosí come mostrato nella figura in alto. La situazione di massimo disordine è

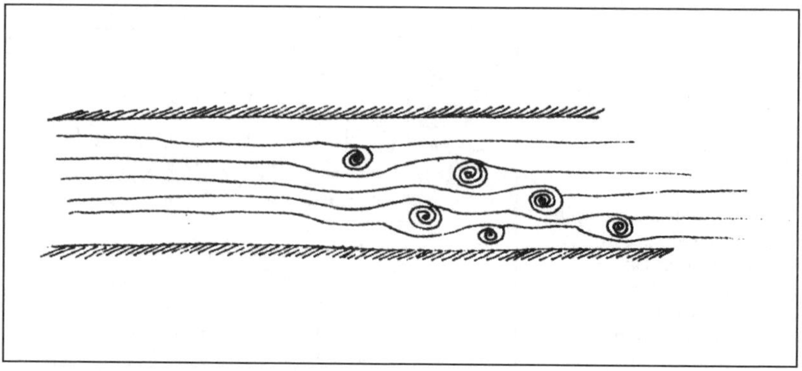

In una corrente d'acqua rapida tendono a generarsi spontaneamente dei vortici.

quella in cui i due gas sono completamente e uniformemente mescolati: se cioè consideriamo un qualunque elemento di volume all'interno del recipiente, il massimo disordine si ha quando tale elemento contiene tante molecole dell'un gas quante dell'altro. In effetti, se il recipiente e i due gas si trovano in condizioni di equilibrio, se la temperatura è uniforme, cioè la stessa dappertutto, troveremo che questa condizione di massimo mescolamento è quella che la miscela dei due gas effettivamente raggiunge.

Ma ora, supponiamo di mantenere uno dei due lati del recipiente piú caldo dell'altro. Ora la miscela dei due gas non si trova piú in uno stato di equilibrio, perché la sua temperatura non è la stessa dappertutto. Bene, si troverà che uno dei due gas tende ad addensarsi verso uno dei due lati, ad esempio quello caldo; mentre l'altro gas si addenserà verso l'altro lato. È il fenomeno cosiddetto della diffusione termica. L'aver portato la miscela fuori dello stato di equilibrio, produce come effetto la tendenza dei suoi componenti a separarsi fra di loro: uno preferibilmente da una parte e l'altro preferibilmente dall'altra; una situazione di maggiore ordine rispetto al rimescolamento completo.

Come abbiamo visto, l'universo non è un sistema in equilibrio. Al contrario, le sue varie parti hanno temperature molto diverse fra di loro; esse vanno da molti milioni di gradi sino quasi allo zero assoluto, circa duecentosettantatre gradi sotto zero. E sulla Terra, l'ambiente in cui si è sviluppata la vita è, per riflesso, tutt'altro che in equilibrio. Vi sono l'aria e l'acqua che si muovono. Quando l'acqua si muove, quando la sua velocità è molto elevata, nella sua corrente si generano dei vortici, e questi rappresentano una sorta di organizzazione. Se essa sta scorrendo in maniera uniforme, basta una piccola perturbazione di qualunque natura per dare origine a un vortice, per generare cosí una sorta di organizzazione spontanea.

Anche la temperatura, sulla Terra, è tutt'altro che uniforme: l'ambiente naturale non è in equilibrio termico, anzi è molto lontano da tale equilibrio. Ciò che viene colpito dalla radiazione del Sole riceve energia che, benché diluita come quantità, ha tuttavia una qualità equivalente a una temperatura di quasi seimila gradi. Mentre ciò che affaccia verso il cielo vede lo spazio cosmico, che si trova ad una temperatura, come abbiamo visto, di duecentosettantatre gradi sotto zero; e benché tale spazio sia visto attraverso il filtro dell'atmosfera, pur tuttavia la temperatura equivalente del cielo notturno (quando esso non è riscaldato dai raggi del Sole) è di alcune decine di gradi sotto zero. Ebbene, se già basta portare un sistema termodinamico poco lontano dalle condizioni di equilibrio per riscontrare il generarsi di una situazione di maggiore ordine (come nel caso della miscela di gas dentro il recipiente cilindrico) che cosa succede a un sistema termodinamico che si trovi molto lontano dallo stato di equilibrio?

Prendiamo un liquido dentro una vaschetta e scaldiamolo da sotto appoggiandolo su una piastra calda. All'interno del liquido si generano delle correnti, dette 'correnti di convezio-

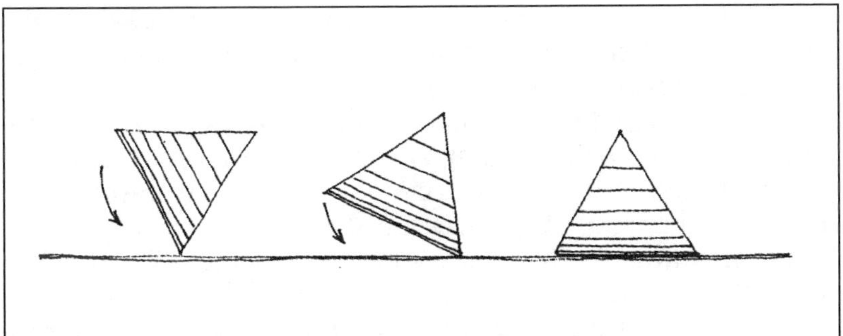

Un triangolo appoggiato su uno spigolo è in posizione instabile. Allo stesso modo instabile è una corrente veloce senza vortici.

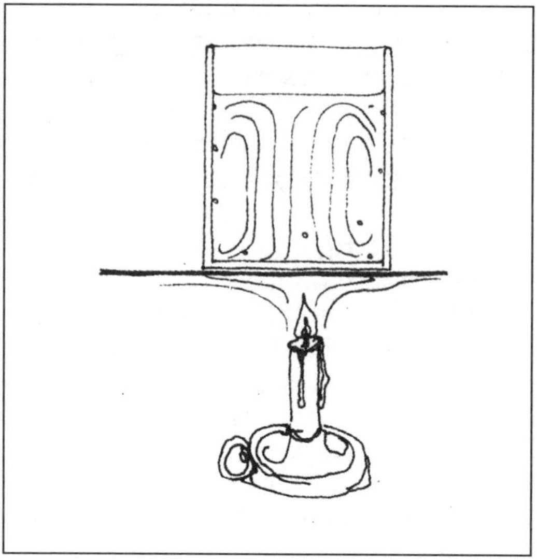

In un recipiente pieno di liquido scaldato dal basso si generano delle correnti di convezione.

In particolari condizioni, le correnti di convezione assumono la forma di celle regolari.

ne'. Queste sono dovute al fatto che il liquido riscaldato si dilata leggermente, si espande, e allora tende a galleggiare, a salire in superficie. Le correnti che salgono generano dei fenomeni di attrito interno nel liquido: cioè fenomeni di sfregamento nei quali l'energia di movimento tende a dissiparsi in calore. Orbene, per un simile sistema che è lontano dall'equilibrio termico e in piú è sede di fenomeni dissipativi interni, si riscontra che le correnti di convezione si organizzano nella forma di 'celle di convezione', una specie di vortici, l'una accanto all'altra a occupare uniformemente il volume del liquido. Queste celle di convezione hanno una forma assai regolare; ad esempio sono esagoni molto prossimi all'esagono regolare, cosí come mostrato in figura.

All'agitazione termica disordinata si sovrappone e si sostituisce un movimento con un elevato grado di organizzazione geometrica: una organizzazione però che non è statica come nel caso dei cristalli di ghiaccio; è al contrario una organizzazione dinamica, caratterizzata da movimento e da trasferimenti di energia.

La meccanica statistica, che consente di assegnare una probabilità ad ogni configurazione di equilibrio di un sistema termodinamico, assegnerebbe una probabilità molto bassa a una configurazione come quella delle celle di convezione esa-

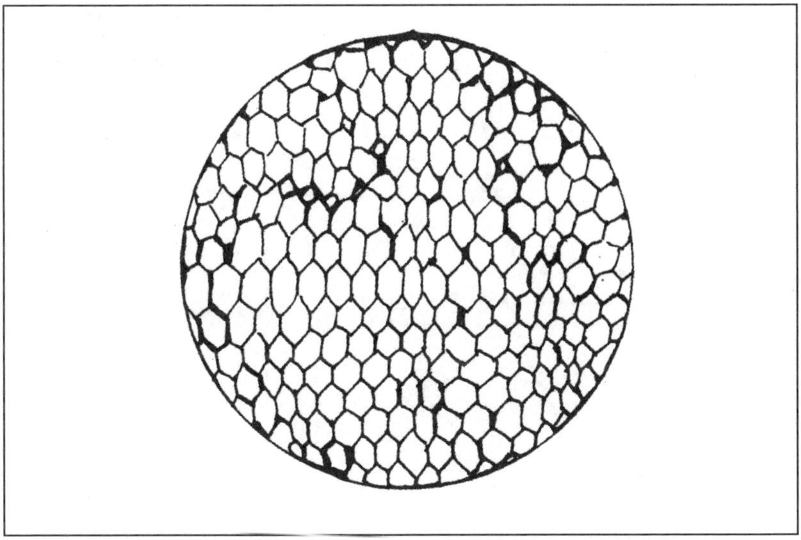

gonali. Ma la meccanica statistica classica tratta gli stati di equilibrio; qui stiamo invece parlando di sistemi termodinamici molto lontani dall'equilibrio, e inoltre di sistemi in cui siano presenti dei fenomeni di attrito interno, dei fenomeni dissipativi. La termodinamica dei sistemi lontani dall'equilibrio è in grado di spiegare questi fenomeni di organizzazione dinamica spontanea; per essa non sono dei misteri, anzi le sue equazioni ne rendono ragione.

3. Sistemi aperti lontani dall'equilibrio. I sistemi vivi non sono sistemi isolati; non solo, in piú essi vivono in un ambiente lontano dall'equilibrio termodinamico e sono essi stessi lontani da tale equilibrio; essi non sono nemmeno sistemi chiusi. Come si ricorderà, un sistema aperto è un sistema che scambia con l'ambiente non solo energia, ma anche materia. Evidentemente, gli esseri vivi sono sistemi aperti: essi prelevano cibo dall'ambiente, e scaricano nell'ambiente i loro rifiuti. Il comportamento di un sistema, specie quando al suo interno avvengono reazioni chimiche (in cui atomi o molecole di sostanze diverse si combinano per andare a formare sostanze diverse) cambia molto a seconda che il sistema stesso sia chiuso o aperto.

La piú semplice e la piú comune fra le reazioni chimiche

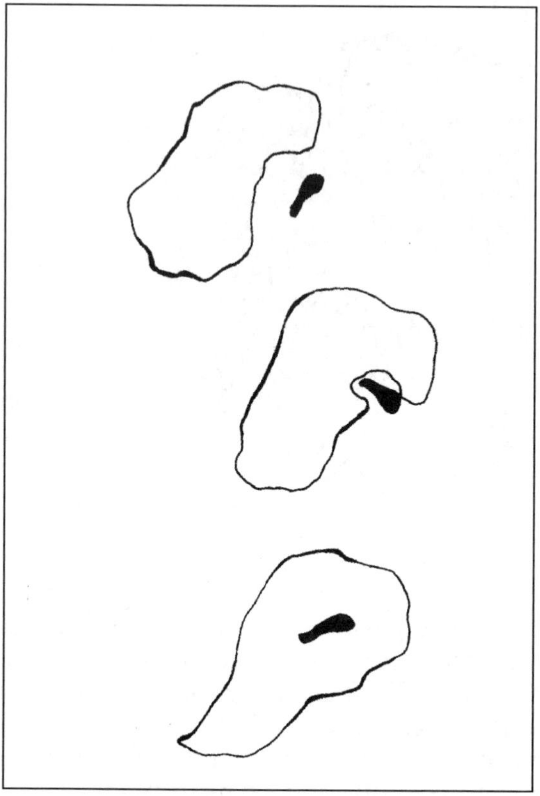

Una ameba mentre inghiotte il cibo. Ogni essere vivente è un sistema aperto.

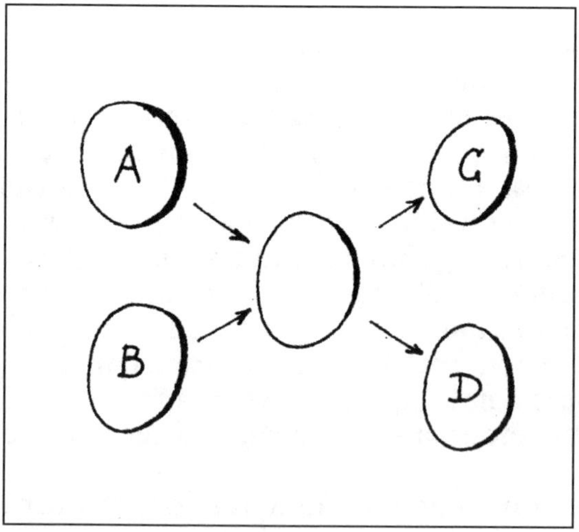

Modello di reazione chimica.

può essere rappresentata schematicamente così come indicato nella pagina accanto, in basso

$$A + B \rightleftarrows C + D.$$

Ammettiamo anche che la reazione avvenga all'interno di un recipiente che garantisce che il sistema sia isolato, cioè non scambi né energia né materia con l'esterno. Quando una molecola della sostanza A, che si muove a caso dentro il recipiente, incontra una molecola della sostanza B, può accadere che esse reagiscano, dando origine alle molecole delle due sostanze C e D. Evidentemente, è tanto piú probabile che ciò accada quanto piú le molecole A e B sono numerose nel recipiente, cioè quanto piú elevate sono le concentrazioni delle due sostanze. Nel recipiente vengono a trovarsi anche molecole C e D che sono prodotte nella reazione. Anche esse si muovono casualmente: quando due di esse si incontrano, può accadere che avvenga la reazione inversa, cioè che esse diano luogo ad A e B.

Se si aspetta un tempo sufficientemente lungo, il sistema va in equilibrio: cioè le concentrazioni delle quattro sostanze si aggiustano in modo tale che tante reazioni avvengono in un verso, tante ne avvengono nel verso opposto. Le concentrazioni, all'equilibrio, non cambiano piú, restano costanti nel tempo.

Ma se il sistema è aperto, e si continua a introdurre o a estrarre materia dal recipiente, può accadere che l'equilibrio non si raggiunga mai. Ciò accade ad esempio se si continuano a introdurre nel recipiente molecole delle sostanze A e B e a sottrarre delle sostanze C e D.

Cosí come un sistema fisico può essere mantenuto lontano dall'equilibrio termodinamico facendogli scambiare energia con l'ambiente, cosí un sistema in cui avvengono reazioni chimiche può essere mantenuto lontano dall'equilibrio facendogli scambiare materia con l'ambiente. (I sistemi chimici possono essere mantenuti lontani dall'equilibrio anche in un sistema chiuso, purché esso non sia isolato cioè scambi con l'ambiente energia. Qui tuttavia siamo interessati ad evidenziare il «non equilibrio» generato dallo scambio di materia).

L'idea di Prigogine fu quella di analizzare se, cosí come in un liquido lontano dall'equilibrio termodinamico possono

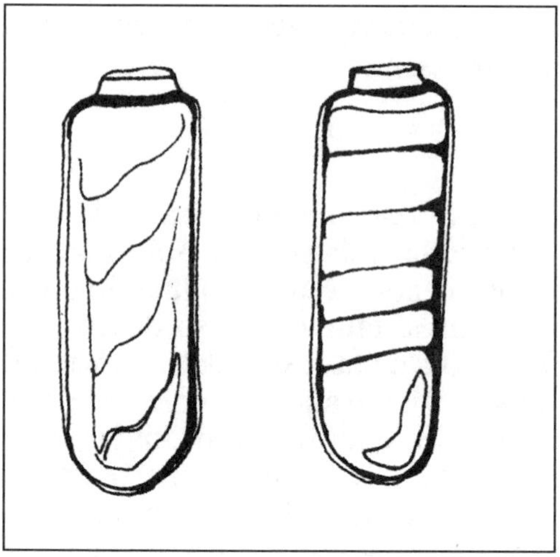

Certe particolari reazioni chimiche, lontane dall'equilibrio, mostrano strutture regolari che evolvono regolarmente nel tempo.

generarsi le celle di convezione, non sia possibile che in un sistema aperto lontano dall'equilibrio chimico possa nascere qualche tipo di organizzazione spontanea.

Come è stato accennato nel precedente paragrafo, affinché si generino le celle di convezione è necessario non solo che il sistema sia lontano dall'equilibrio; ma anche che il liquido sia sede di attriti interni, cioè di fenomeni dissipativi. Orbene, è stato verificato dalla Scuola di Bruxelles che le equazioni matematiche che governano le reazioni chimiche in sistemi aperti lontani dall'equilibrio sono del tutto simili a quelli dei fenomeni dissipativi nei liquidi. Ciò a patto che tali reazioni chimiche siano del tipo cosiddetto «catalitico»: il che vuol dire che deve trattarsi di quelle particolari reazioni che avvengono in presenza di qualche sostanza che pur senza essere né «consumata» né «prodotta» nella reazione, svolge in essa una particolare funzione di regolazione. Dunque, secondo queste equazioni ci si poteva aspettare che in questo tipo di reazioni, se mantenute lontane dall'equilibrio, si generassero delle organizzazioni spontanee, caratterizzate da una loro regolarità geometrica ed anche da qualche regolarità di comportamento.

Queste conclusioni furono raggiunte a partire dallo studio delle equazioni matematiche che devono descrivere questi tipi di reazioni chimiche: si trattava cioè di quelle che si chiamano «previsioni teoriche». Successivamente, tuttavia, reazioni chimiche caratterizzate da una effettiva tendenza alla organizzazione spontanea sono state osservate in laboratorio realizzando sistemi aperti lontani dall'equilibrio. Questa organizzazione si manifestava sia attraverso il formarsi di strutture regolari all'interno del sistema, che attraverso una regolarità nel modo in cui tali strutture si sviluppavano nel tempo.

Ancora una volta, non vi è contrasto fra il formarsi spontaneo di queste strutture regolari e la tendenza generale dei sistemi ad evolvere verso la situazione di massimo disordine. I sistemi infatti in cui l'ordine si genera spontaneamente sono sistemi aperti: ed essi acquisiscono un maggiore ordine solo perché sono in grado di riversare il disordine nell'ambiente circostante, col quale scambiano sia materia che energia.

4. Ipotesi sullo sviluppo della vita. Abbiamo visto che nei sistemi aperti lontani dall'equilibrio in cui avvengano reazioni chimiche catalitiche (o altre analoghe reazioni caratterizzate da comportamento cosiddetto «non lineare», un termine su cui torneremo fra poco) può succedere che si generino strutture, che abbiamo chiamato dissipative, analoghe alle celle di convezione nei liquidi: in tali sistemi si riscontra cioè una certa tendenza alla organizzazione spontanea. Certo, queste prime strutture semplici sono estremamente elementari, e sono dunque ben lontane dalla complessità e dalla regolarità che caratterizzano la forma e il comportamento degli esseri vivi. Tuttavia, vanno notate alcune caratteristiche del modo di essere e di svilupparsi della vita che fanno pensare che forse quegli stessi meccanismi che generano le strutture dissipative possano avere avuto un ruolo importante nella fase della comparsa della vita sulla Terra, avvenuta miliardi di anni fa.

In primo luogo, come abbiamo già accennato, gli esseri viventi si comportano come sistemi aperti, vivono in un ambiente molto lontano dall'equilibrio e sono essi stessi molto lontani dall'equilibrio termodinamico e chimico.

In secondo luogo, i meccanismi elementari della vita, ed anche quelli piú complessi, sono in generale processi che rientrano nella categoria che abbiamo chiamato 'processi non lineari'. Tali processi sono controllati da agenti che assistono alla reazione chimica e fisica, governandone il comportamento senza essere essi stessi nel numero delle sostanze che parte-

Reazioni chimiche

Un 'atomo' è un sistema microscopico, cioè tanto piccolo da non essere direttamente osservabile dai nostri sensi (il suo diametro è dell'ordine del milionesimo di millimetro). Un atomo è costruito come un sistema solare in miniatura. Il «sole» di questo sistema è rappresentato dal 'nucleo', carico positivamente, formato da un certo numero di 'protoni', e di 'neutroni'; i «pianeti» sono 'elettroni', che percorrono le loro orbite intorno al nucleo, e il loro numero è pari al numero di protoni contenuti nel nucleo stesso.
Una sostanza formata da atomi tutti uguali fra loro è detta un 'elemento chimico': ad esempio l'ossigeno (atomo con otto elettroni), o il ferro (atomo con 23 elettroni).
Gli atomi di due o piú elementi chimici diversi possono combinarsi a formare una o piú 'molecole' di sostanze composte. Ad esempio un atomo di ossigeno, combinandosi con due atomi di idrogeno, forma una molecola d'acqua.
Piú in generale, può succedere che molecole di alcune sostanze, incontrandosi, si combinino per formare un certo numero di molecole di sostanze diverse. Si dice allora che ha avuto luogo una 'reazione chimica'.
Alcune reazioni chimiche avvengono piú facilmente in presenza di molecole di altre sostanze che, con la loro presenza, aiutano la reazione pur senza venire esse stesse trasformate. Queste sostanze vengono dette 'catalizzatori'; e questi tipi di reazioni sono detti 'catalitici'.

cipano direttamente alla reazione. Sono cioè di norma reazioni di tipo catalitico; sostanze catalizzatrici sono rappresentate dai cosiddetti 'enzimi'.

In terzo luogo gli esseri viventi presentano una organizzazione, nella loro struttura e nel loro comportamento, che è di tipo gerarchico. In altri termini, si hanno sostanze semplici che si organizzano a formare entità piú complesse; e queste a loro volta si organizzano fra di loro a costituire entità via via piú complesse, dotate di funzioni diverse e complementari; e cosí via. Vi è dunque qualche speranza che la nascita della vita sulla Terra possa venire un giorno capita e spiegata come una serie di processi di aggregazione ed organizzazione di entità via via piú complesse attraverso il meccanismo delle strutture spontanee di tipo dissipativo.

È stato ad esempio osservato che in particolari condizioni, in sistemi aperti lontani dall'equilibrio, può succedere che la formazione di certe sostanze organiche di interesse per i processi vitali (polimeri) possa avvenire aggregando i loro costituenti semplici (monomeri) col meccanismo della riproduzione «a stampo». Cioè i nuovi polimeri che si formano si organizzano a somiglianza di quelli che già sono presenti nell'ambiente. Questa osservazione è di enorme interesse, perché rappresenta il primo abbozzo di trasmissione dell'informazione genetica: quel meccanismo che, arrivato ormai negli esseri viventi ad un livello di elaborazione straordinario per complessità e per efficacia, consente ai genitori di dare vita a dei figli costruiti a propria immagine e somiglianza.

Un'altra osservazione interessante è che le stesse equazioni matematiche che descrivono il formarsi delle strutture dissipative nei sistemi aperti lontani dall'equilibrio, si ritrovano talvolta anche quando si voglia descrivere il comportamento di una comunità o colonia formata da un gran numero di esseri viventi anche semplicissimi: ad esempio formati ciascuno da una sola cellula. Un tale complesso sistema vivo rappresenta anch'esso un sistema aperto: oltre che ricevere energia dall'ambiente, esso deve procurarsi il cibo; e riversa nell'ambiente i suoi prodotti, che sono rappresentati non solo dai rifiuti, ma anche dagli stessi «figli». Dall'ambiente in cui queste colonie vivono esce ed entra energia; esce ed entra mate-

... figli costruiti a propria immagine e somiglianza.

ria, non di rado rappresentata da materia viva. E non di rado, lo sviluppo della comunità è condizionato dall'esistenza di una sorta di spettatori vivi che controllano e in certo modo governano con la loro funzione lo sviluppo stesso, analogamente a quanto fanno i catalizzatori nei processi chimici.

Se le equazioni sono le stesse, analogo deve essere anche il comportamento. Ci si può cioè aspettare che tali comunità, formate all'inizio da organismi indipendenti, tendano ad organizzarsi con la formazione di strutture analoghe a quelle dissipative: strutture dotate di una loro regolarità e di una loro funzione. Ciò sarebbe il primo momento di una aggregazione strutturale e funzionale analoga a quella delle cellule degli esseri vivi piú evoluti. Cellule che si sono organizzate in modo da collaborare tutte fra di loro, portando ciascuna il proprio indispensabile contributo al funzionamento della piú meravigliosa delle macchine; ciascuna indispensabile non solo al funzionamento dell'intero organismo, ma anche alla stessa sopravvivenza delle altre cellule.

In effetti, a dar forza a questa teoria vi è il fatto che alcuni esseri viventi semplici, formati da una sola cellula, tendono nel corso della loro evoluzione ad organizzarsi in una struttura piú complessa, unendosi fra di loro e svolgendo ognuna una diversa funzione, in modo da dar forza alla loro collaborazione.

Ma tutti questi non sono che i primi spiragli aperti su un mondo ancora quasi tutto da esplorare: il mondo che racchiude la spiegazione dell'origine della vita sulla Terra.

5. Conclusioni. Qualunque sistema tende sempre a raggiungere, come situazione di equilibrio, quella caratterizzata dal massimo disordine. Questa è la molla che origina le trasformazioni: la tendenza al disordine. Ogni sistema continua a trasformarsi fino a quando non ha raggiunto il suo equilibrio, la sua pace; e questa pace è il disordine.

Può succedere che un sistema – o almeno una sua parte – tenda verso una situazione di maggiore ordine. Ma ciò può succedere solo quando il sistema non è isolato, quando esso scambia energia o materia con l'esterno: ed affinché ciò accada, il sistema non deve essere in equilibrio con l'ambiente. Allora, si può generare maggiore ordine in qualche posto e per qualche tempo, mentre il disordine viene riversato altrove, nell'ambiente circostante. Ma quando il sistema e l'ambiente raggiungono una situazione di equilibrio relativo, quando cioè il sistema diviene un sistema isolato, non v'è altra fine possibile che il disordine.

Dire che il tempo passa, che le cose invecchiano, e invecchia il mondo, significa proprio questo: le cose tendono all'equilibrio, tendono al disordine.

Oggi il mondo non è in equilibrio. Non sono in equilibrio le stelle e le galassie. Non è in equilibrio la Terra, che riceve energia dal Sole e riversa energia verso lo spazio: continuerà a rimanere lontana dall'equilibrio fino a che il Sole continuerà ad essere una stella calda, che consuma la sua enorme esplosione termonucleare controllata. Il Sole continuerà ad ardere per alcuni miliardi di anni. Fino ad allora, la Terra potrà ospitare la vita, il movimento, la luce, il calore.

Dall'inizio del mondo, il disordine ha cominciato ad aumentare. Come si è dunque generato l'ordine iniziale?

Fin dai tempi piú antichi, l'uomo si è posto, sia pur spesso confusamente, questa domanda. E la risposta, non potendo essere scientifica, è stata religiosa. Molte religioni, passate e presenti, hanno in comune il tema della Creazione. La Creazione è stato l'atto di una Mente Soprannaturale. Con la Creazione, Dio è intervenuto sul Caos, sul disordine iniziale, ha separato la terra dalle acque, il caldo dal freddo, la luce dalle tenebre, e ha finalmente dato origine alla vita. Raggruppare cose omogenee e separare cose diverse significa mettere ordine; con la Creazione l'Universo ha ricevuto l'ordine iniziale; su quell'ordine esso vive di rendita da miliardi di anni, procedendo da allora in poi verso una situazione di sempre maggior disordine.

Ma oggi si sa che l'universo è nato con una enorme esplosione. E in una situazione lontana dall'equilibrio, la scienza è in grado di fare teorie ragionevoli su come la materia informe si sia spontaneamente raggrumata a formare le stelle, sorgenti di luce e di calore immerse in uno spazio vuoto e freddo; e come sui pianeti quali la Terra, né troppo caldi né troppo freddi, mantenuti lontano dall'equilibrio termico a metà strada fra un sole caldo e lo spazio freddo possa aver avuto origine la vita.

Ma il mistero è solo spostato un po' piú indietro nel tempo: chi ha generato lo stato iniziale in cui la materia informe era cosí compressa, cosí densa di energia, da provocare l'immane esplosione primordiale? Qualche lume al riguardo ci può forse venire se ci interroghiamo su come l'universo finirà.

Quando il Sole si sarà consumato, quando si saranno consumate le stelle, quando tutta l'energia in esse contenuta sarà stata irraggiata verso lo spazio, quale sarà la fine dell'universo?

Se l'universo è aperto, se la forza di attrazione fra le stelle non sarà sufficiente ad arrestare la loro attuale espansione, né a richiamare l'energia irraggiata nello spazio per farla ritornare, allora la fine dell'universo sarà una fine fredda, e le stelle continueranno – piccoli corpi neri e spenti – a sprofondare in uno spazio infinito e buio. Il mistero dell'esplosione iniziale resterà allora inesplorato alla scienza. Ma se la forza di attrazione reciproca sarà sufficiente ad invertire il moto delle stelle, e a risucchiare indietro tutta l'energia emessa nella loro storia, allora l'universo non raggiungerà mai una fine. Oggi, l'energia viaggia verso lo spazio, e grazie a ciò non v'è equilibrio nell'universo; in futuro, sarà dallo spazio che verrà energia. E grazie a ciò la materia e l'energia torneranno a concentrarsi, e daranno origine a una nuova esplosione: una fine calda, premessa ad un nuovo ciclo di vita.

La vita dell'universo sarebbe allora una infinita serie di cicli, di implosioni e di esplosioni, che sprofondano nel tempo passato e nel futuro. Un mistero cosí sproporzionato rispetto alla capacità del nostro singolo intelletto, da costringerci alla pace della rinuncia; e in un certo senso tale da appagarci.

Oggi, non siamo in grado di sapere con certezza quale sarà la fine dell'universo, se quella calda o quella fredda. In ogni caso, nell'arco del presente ciclo, la natura è in grado di dispensare alla Terra e ai suoi ospiti, ancora per un lungo futuro, quanto serve per rinnovare i cicli del movimento e della vita.

A meno che l'uomo, mettendo i frutti della sua conoscenza al servizio di una stolta presunzione, non decida egli stesso di cancellare la vita da questo granello di polvere immerso nell'infinità dello spazio.

... a meno che l'uomo...

INDICE DEI TERMINI DEFINITI

MISTO
Carta da fonti gestite
in maniera responsabile
FSC® C135333
www.fsc.org

Finito di stampare nel mese di ottobre 2021 dalla Tipolitografia CSR
Via di Salone, 131/C - 00131 Roma - Tel. 064182113 (r.a.) - Fax 064506671